数学科学文化理念传播丛书（第三辑）

徐利治数学科学选讲

SCIENCE &
HUMANITIES

03

徐利治 ◎ 著

Study and Education
of Mathematics

治学方法与数学教育

大连理工大学出版社
Dalian University of Technology Press

图书在版编目(CIP)数据

治学方法与数学教育：徐利治数学科学选讲 / 徐利
治著. — 大连 ：大连理工大学出版社，2018.1
（数学科学文化理念传播丛书）
ISBN 978-7-5685-1132-2

Ⅰ．①治… Ⅱ．①徐… Ⅲ．①数学－教育－文集
Ⅳ．①O1-4

中国版本图书馆 CIP 数据核字（2017）第 290106 号

大连理工大学出版社出版
地址：大连市软件园路 80 号　邮政编码：116023
发行：0411-84708842　传真：0411-84701466　邮购：0411-84708943
E-mail：dutp@dutp.cn　URL：http://dutp.dlut.edu.cn
大连市东晟印刷有限公司印刷　　　　大连理工大学出版社发行

幅面尺寸：188mm×260mm　　印张：9.75　　字数：138 千字
2018 年 1 月第 1 版　　　　　　　2018 年 1 月第 1 次印刷

责任编辑：于建辉　田中原　　　　　　责任校对：周　欢
封面设计：冀贵收

ISBN 978-7-5685-1132-2　　　　　　　定价：39.00 元

本书如有印装质量问题，请与我社发行部联系更换。

自　序

　　这是一套由 4 卷组成的、重新出版的文集,文集采用了一个较简短的统一书名——徐利治数学科学选讲。详名是"数学科学与哲学及其相关专题选讲"。

　　"人处盛世,老不言老。"但我还是乐意表白:在我现今 97 岁高龄时,精神尚未觉老;得知大连理工大学出版社将再版我在 2008 年前后出版的 4 部著作,我很是高兴并感谢。写此序言希望能起到一点导读作用。

　　原来 4 部著作分别是《徐利治谈数学方法论》《徐利治谈数学哲学》《徐利治谈治学方法与数学教育》以及《论无限——无限的数学与哲学》。前 3 部都是文集,包括一部分是往年和富有才识的年轻作者(还有当年的弟子)合作发表的文章。许多篇文章中表述了我们自己的研究心得、观点和见解,也提出了一些尚未解决的问题。特别是在《论无限——无限的数学与哲学》一书中,更有一些值得继续深思和研究的疑难问题。

　　考虑到书中的某些问题并无时间性限制,对它们的继续探讨和研究,会对数学方法论与数理哲学的发展起促进作用,也会对数学教育与教学法的革新有启示作用,所以在我有生之年有机会再版上述著作,真是深感庆幸和欣慰。

　　再版的 4 卷书中,对原著增加了 6 篇文献,且对原来的文章顺序安排做了局部调整。但原著前 3 卷内容仍保持原貌,对第 4 卷 4.10 节与 5.4 节中的几处做了修正和改述。

　　卷 1 论述数学方法论。值得一提的是,"数学方法论"(methodology of mathematics)这一学科分支名称及其含义,最早出现于我在20 世纪 80 年代初出版的两本专著中。从此国内数学教育界开展方法论研究的人士与年俱增。2000 年起国际大型数学信息刊物 *Math. Reviews*(《数学评论》)已开始将"数学方法论"条目编入数学主题(科目)分类表中(分类号为 OOA35)。这表明国际上已确认这一起源于中国的新兴分支科目了。

美国已故的数学方法论大师乔治·波利亚(G. Pólya)提出的"似真推理法",无疑是对数学解题和数学研究都极为有用的思想方法。我们对方法论做出了两项贡献,一是"关系—映射—反演方法(简称 RMI 方法)",二是"数学抽象度分析法"。国内已有多项著作揭示了这两项方法论成果在数学教育与教学方法方面的应用。

凡是利用 n 次 RMI 程序可求解的问题,即称该问题的复杂度为 n,而求解程序为 $(RMI)^n$,n 为程序阶数。显然这些概念刻画了问题与解法的难易程度与技艺水平,所以对某些类数学教材内容与教法的设计安排都有启示作用。数学抽象度分析法中,有一个极有用的概念,称为"三元指标",可用以刻画数学概念、命题、定理及法则的"基本性、深刻性与重要性"程度。我们希望对此感兴趣的读者,特别是重视数学概念教学的教师们能做出更多深入而有助于教改的研究。

卷 2、卷 3 中的多篇文章,估计哲学爱好者更感兴趣,关注数学思想发展史的教师们也会有兴趣。可以看出,有些文章明显地体现了"科学反映论"观点,相信对协助读者们(尤其是年轻学子们)如何较客观地、公正地分析评论历史上诸数学流派的观点分歧根源与争论实质是有帮助的。特别希望某些文章对读者中的年轻教学工作者及早形成科学的"数学观"能起促进作用。

卷 4 论无限:这其中的有些基本问题,特别是连续统的双相结构问题,曾使作者从年轻时代一直思考到老年。30 岁前后曾花费不少时间去思考 Cantor 的"连续统假设"论证难题。经过多次无效的努力之后,才初步觉醒,在直观上意识到并开始确信:由特定形式的延伸原则与穷竭原则(概括原则)确定的超穷基数序列中的 Aleph 数(如 Aleph-1),要求同算术连续统(又名点积性连续统)的基数等价对应起来,是找不到逻辑演绎依据的。事实上,几经考察和试算,发现"连续统基数"无法被表述成前述相似形式的由延伸到穷竭的过程。这样，我们便由"超穷过程论"观点猜想到 Cantor 连续统假设在"素朴集合论"框架内的"不可确定性"。后来，到了 20 世纪 60 年代，我们很高兴地得知美国青年数学家 P. Cohen 在"公理化集合论"框架内，创用"力迫法"(forcing method)成功地(通过建模法)证明了连续统假设的不确定性。这符合我们的一种直觉信念。当然，Cohen 解决的问题已不是 Cantor 集合论中的原来问题。

在卷 4 中我们还给出了非标准分析(NSA)方法的两个应用，一是构造出一个非 Cantor 型自然数模型，可用以精细地解释恩格斯(F. Engels)关于"无限性悖论"的论述内容及意义；二是构造出一个"广义的互反公式"，它既包括了离散数学中的 Möbius 反演公式及其扩充，又包括了分析数学中的 Newton-Leibniz 微积分基本定理，作为其直接推论。但如何把 NSA 方法改造成数学教育中易学好用的工具问题，迄今尚未很好解决。

我们相信，数学基础问题研究者中的直觉主义学派，关于连续统本质问题的观点是很有道理的。由相异实数(坐标点)构成的 Cantor-Dedekind 连续统(即"点组成连续统")是舍弃了"连续性"本质，只保留了"点积性"特征的单相性概念抽象物，才会出现 Zeno 关于运动的悖论，以及点集论中的 Banach-Tarski 分球悖论等怪论。直觉主义派早就认识到"点组成连续统"并非真正连续统，因为一切相异实数点是互不接触的。

事实上，Hegel 在分析 Zeno 悖论时，早就指出连续统是"连续性"与"点积性"两个基本特征的"对立统一体"。(注意，时间连续统与运动连续统都是连续统概念的原型。)所以，只抓住一个特征(例如，"点积性")而认为它是连续统的"唯一本质"，这就是产生悖论的根源。由于一义性的"概念"(例如，数学概念或具有逻辑推导性的理念)不可能表述具有双相性结构的连续统，所以 Hegel 早就认识到连续统是一种"存在"(being)而非一种"概念"。这就是为什么现代数理逻辑家都认为"连续统是什么"还是个逻辑上尚未解决的问题。这也就是加拿大数学家塔西奇(V. Tasic)在他 2001 年出版的《后现代思想的数学根源》(蔡仲，戴建平，译. 复旦大学出版社，2005)的著作中，为什么要把

"连续统"说成是后现代思想中的"隐蔽主题"。有趣的是,他还引述了法国现代哲学家德里达(J. Derrida)为了想表述连续统的"双相性",甚至发明了一个新的单词"延异"(differance)。可惜塔西奇的长篇大论中未能注意到 Hegel 早在 19 世纪就已做出了对连续统双相性结构本质的深刻分析,他的书中一字未提 Hegel。

正是因为受到了 Hegel 关于悖论的哲学分析、Poincaré 内束思想,以及 Robinson 单子模型结构等思想的启发,才使我们提出建立"Poincaré 连续统"的设想。为此我们做出了两个描述性的结构模型。按照某种形式推理,揭示出标准实数点集与 $^*R$ 中的单子集合都不能产生直线连续统的测度(真正长度)。线测度必须通过"单子间距"(做成 Poincaré 内束成分)的积累而产生,由此我们发现了比 Robinson 单子(无限小)大得多的"Poincaré 线量子"(半无限小)的概念。还由此得出了一个合理的猜想:应该可以充分利用 Poincaré 线量子概念来构造一种平行于 Robinson 的非标准微积分。

由于 Poincaré 连续统加入了"内束结构"(用到"单子距"概念),因而与单相性的"点积性连续统"概念相区别,所以才能真正体现出直线连续统的长度概念。自然,这更切近物质世界的客观真理。但要由此构建出一套符合模型论条件的数学模式并使之成为易于操作的数学工具,还须做进一步的分析研究,特别需要精心挑选正确而合用的数学新公理。

这 4 卷文集中,题材内容述及一系列近现代的数学思想、哲学观点以及数学建模等问题,希望感兴趣的读者和乐于从事研究者,能由此做出更深入的研究、发展,并取得有意义的美好成果。

徐利治

2017 年 3 月于北京

目　录

治学方法

数学教育

治学方法

谈谈个人学习数学的一点经验和看法^①

　　数学是一片壮阔无边的林园,在这林园中有着成群的园丁在植树、种花和拓荒.我是一个职业的数学工作者,但在这广阔的林园里还只是见到了很少很少的角落,而且也并不是一个技艺老练的园丁.因此要谈"怎样去钻研数学"的意见,将不免是肤浅的,我只能将自己的一些学习经验和看法介绍给读者.

1　志趣是激励钻研的力量

　　首先,进修数学或者研究数学,我认为最重要的是要有志趣.所谓志趣,就是由志向(目标)和兴趣(爱好)所合成的一种积极的心理状态.这种心理状态对于我们钻研数学的精神起着经常激励的作用,甚至在遭到困难或挫折的时候,它还会带来一种克服困难的勇气和毅力.我研究数学时,也不是一帆风顺的.特别是研究一个问题时,常常会走许多弯路.在进行一些较复杂的计算中,有时也算错,甚至算了好半天,最后才发现了错误.而那时也同样会感觉"大好光阴全浪费,一无收获空自悲".但所有这一切,却并不足以削弱钻研数学的志向和乐趣.

　　我对于数学的原始兴趣是从自修和做习题开始的.在未进大学之前,读的是师范学校.当时师范学校并不注重数学课程,所教内容是极粗浅的.当然我不会满足课堂所学的内容,于是便买了一本《查理斯密斯大代数》,独个儿自修起来.记得当时最感兴趣的是"排列、组合""或

　　①这是 20 世纪 50 年代《数学通报》刊载的一篇特约稿件.过了 60 多年重读此文,仍感到对青年读者有所启发,故收录于本书,并做了校订.

然率""数论""无穷级数"等几章.我差不多把这几章的题目都做完.有时碰上难题也常常呆上半天,甚至一天.然而每做完一些题目,就感到一些愉快.这样日积月累,所获得的乐趣简直是不可形容的,最后甚至把数学工作选择成为自己的终生职业.

可以说,对于钻研数学的志趣越坚强,克服困难的勇气便越大;而困难的不断被克服,反过来又不断增强了进攻数学的信心和乐趣.这实际也是每一个数学工作者(或数学家)所共有的经验之谈.

经验又告诉我们:"勤于做题,不怕难题"乃是培养数学志趣的积极手段之一.

2 直观是理解数学的因素

长期以来,我差不多已养成一种习惯,就是特别喜欢通过直观来理解数学中的事物.从自修"大代数"起,我就开始重视直观的作用.我发现直观的思维(包括概念的形象化,想象与联想等)使我当时对"大代数"中的主要部分体会得特别好,而在做起题来,对于原理、公式的运用也能灵活自如.进大学以后,开始学习微积分,我又常常把各种"极限过程"(像一致收敛性等)的概念,设法在头脑中形成一种直观的图像.后来学习"抽象代数"时,遇到的概念更加抽象.但由于当时经过了几年的训练,直观能力也已有所提高.因此在一种自发欲望的要求下,我还是丝毫不放弃使数学概念直观化.例如,在学习"群论"中的两个"同态定理"时,我会努力把它们变为一种自明的图像.以致不碰"群论"多年以后的今天,还能大致记得这两个定理的基本思想.只要简单地复习一下,便能讲解这两个定理的论证关键和要点.

显然地,直观不仅能使一些数学理论或定理的真正意思被理解得更透彻,而且也帮助减少了记忆上的负担.我的记忆力是较差的,但常常利用直观的理解作用,补救了记忆方面的不足.

事实上,数学归根结底是一门研究量和形(空间形式)的科学.因此不管近代数学已把量和形的概念发展得多么抽象,对于许多命题的形式论证演绎得如何复杂,但终究是可以抓出它们的直观的背景和论证的基本想法.每一个数学概念或论证的方法,经过去皮剥壳,再把要点(核心)抽出来看,总是十分朴素简单而极其自然的.直观的积极目的就是要透过形式的外表去发现这种简单而自然的本来面目.

因此,对于每一阶段所学到的数学知识,要测验自己是否已达到直观理解的程度,就需要试问自己能否将其中有关的主要概念和定理的论证,用极其简要(单纯)而自然的方式描述出来.越是能描述得扼要而自然,就越表明自己直观理解得越好.这也就是为什么华罗庚先生说:一个人读完一本书之后,如果觉得该书甚薄,内容甚少,就意味着消化得很好.

直观也是发明的源泉.许多数学上的创造发明都是由直观的想象开始的.因此爱好数学和研究数学的人,差不多普遍地重视数学的直观及其能力的培养.每学完一个理论、定理或命题,如果多分析、多想象、多联想,并且常常问自己:"简单地说那是什么? 简单地看究竟怎样?"如此继之以久,便能逐步发展直观想象的能力.

数学直观能力的提高也依赖于具体实践经验的积累.怎样积累呢? 就要靠多读和多做."多做"就是指多想问题、多做习题和勤于计算等具体的行动而言.

3 数学中也有方法论

不少人认为数学能否学得好,主要决定于有没有数学的"天才".至少认为数学上的创造发明,一定是天才的玩意儿.其实,即便是数学的发明创造也离不开"方法论".例如,历史上许多著名的数学家,所以做出了巨大的贡献,照我看来,主要是由于两个特点:第一,他们往往具有极大的毅力和高度的集中力;第二,他们精通工作方法论,也就是非常懂得怎样学习和研究.

在学习和研究工作过程中,我和许多数学工作者一样,非常喜欢利用一种所谓 Heuristic 的推理法,或称之为"探测性的思想法".

作为一个专门名词,Heuristic 被理解为一种专门讨论有关"发现和发明的方法与规律"的学问,这门学问曾经首先为 Descartes、Leibniz、Bolzano 等学者所倡导.近代的著名数学家中,像 G. Pólya、J. Hadamard 等对此亦颇多发挥.我相信,每一个有经验的数学工作者,实际是经常自觉或不自觉地利用 Heuristic 的推理原则的.但可惜的是,我国很少见科普作品对 Heuristic 做专门的介绍.我很希望这门特殊的方法论(例如,在 G. Pólya 所著《怎样解题》一书中即有不少论述)能为国内大部分学数学的人所熟知. 特别是,对于中学和高等学校的数学教师们来说,如果多懂得些 Heuristic,则对于数学工作也是有帮助的.

Heuristic 方法并不是严密的逻辑论证方法. 它的作用不在于对一已知命题进行逻辑的论证,而在于试探和发现解决问题的途径. 因此,即使做一个较难的数学习题,有时也免不了要应用这种方法.

Heuristic 方法可以说是一种综合性的"尝试成功式"的思考方法,其中经常利用到"类比联想的原则""经验归纳的原则"和"数学归纳法"等.

例如,面对一个数学问题时,往往不能立即解决. 这时应努力设法联想有关或相似的问题,看看原来的问题和已经解决的类似问题之间有何关联,或能否转化. 如此通过类比联想的过程,有时果然能有助于原题的解决. 又如,在某种假设下,想推证某种结论,而不知如何下手,此时最好的办法就是姑且假定结论为真,从它出发逐步倒推,看看结论的成立究竟需要哪些条件. 这样分析的结果,往往就会发现论证结论的线索.

"经验归纳法"是一种根据个别例子的分析以预见普遍定理的方法. 这种方法对于学习数学或初做研究的人来说,是很有启发的. 如果学习数学而不知经验归纳法那就等于学习物理科学而不知实验一样. 可惜的是,在现代的数学教学方式中,很少有教师愿意在课堂教学里有意地介绍经验归纳法,可能是怕太费时间的缘故.

学习数学,特别是自修数学时,经验归纳法尤其不可忽视. 例如,学习一个普遍理论或普遍定理,绝对不可忘掉举例的重要. 因为从具体的一些例子之中,我们就会看出普遍理论或普遍定理的具体背景,就会理解定理论证的自然途径. 又如,想解决一个问题时,也时常需要从个别特例考虑起,而处理特例的方法经过一般化之后,也就往往能导致一般问题的解决.

简单说来,"经验归纳法"是从许多具体特例中寻找一般规律的方法,而"数学归纳法"是一种逻辑地论证一个普遍命题的方法. 可以说前者在于发现,后者在于论证,两者都是丝毫不应忽视的.

就我自己的经验来说,在进修和钻研数学的具体实践过程中,感觉到数学方法论的被重视,对于知识技术的提高的确是很有帮助的.

4　几种可能会有的偏向

学习或进修数学时,经常也会产生一些偏向.根据我的经验和见闻,感到大致会有这样两种情形:

第一种,属于认识方面的偏向.有人认为数学是完美的理论体系,是最有系统性的知识,我们学习它主要是获取知识,欣赏理论;还有人认为数学主要是一种方法或工具,我们学习它主要是为了学习其中的方法.由于认识上的微小偏差而在做法上也就很不相同.例如,前面的一种人偏重于欣赏数学,而不去动手做题,甚至轻视做题;后面一种人非常喜欢做题,但对数学内部规律性的美、和谐的美则毫无体会,也不愿体会.从而对数学的鉴赏力水平也就长期不能提高.

其实数学既是理论又是方法,我们看待数学不能偏于一端.如果偏于一端,则对数学虽然进修多年,其结果不患"眼高手低"之病,便患"眼界甚低"之病.

第二种,属于学习态度方面的偏向.这其实也和认识有关.例如,有的青年进修数学时态度偏于急躁,希望急于求成(以前我也有过同样倾向).有人在未学好初等微积分之前,就要专攻解析数论;也有人听说抽象代数很美丽,在尚未熟悉经典代数的情况下,就想立即进攻它.其实由于数学本身的强烈的系统性以及人的认识发展的自然规律,对于数学的进修非循序渐进不可.对有志于长期研究数学的人来说,那就更需要抱定细水长流的宗旨——把进修和研究当成一种经常性的习惯.特别是,有必要花足够的时间去打好一个坚实的基础.

事实上,任何一个学习数学或研究数学的人,其水平的提高恒依赖于实践,而知识的丰富恒依赖于积累.因此的确是急躁不得的.

数学又会欺侮思想保守的人.在数学面前,愈是显得保守,则它就愈显得威严而不可亲近.因此对待数学经常保持进攻的心理状态是很必要的.

5　需要培养三种能力

进修数学,除系统地获取知识以外,应注意培养哪些方面的能力呢？对于这个问题，我很赞同苏联学者柯尔莫哥洛夫的提法[①]，就是说需要培养或训练这样的三种能力：①几何直观的能力，②计算的能力，③逻辑演绎的能力．

训练这样的三种能力，同时也是为了获得明确的空间概念，习得一定的演算技巧，养成谨严的逻辑推理习惯．

学习立体几何和空间解析几何，能帮助我们培养几何直观能力；学习代数（高中代数或大代数）能训练计算能力．在中学阶段虽无数理逻辑（或通常的逻辑学）的科目，但由于数学推理的本身就具有逻辑演绎的特点，因此只要处处留意数学论证的方式，特别是多注意平面几何的习题演证等，也就能逐步培养逻辑演绎的习惯与能力．

就我个人的经验和看法，彻底学好大代数（高中代数）和解析几何，则对于进一步学习高等数学（例如，微积分学等科目）会有莫大的帮助．

6　注意养成一些好习惯

首先，对于有志学习或自修高等数学的青年来说，我认为"三不主义"值得提倡，即"不讨厌计算""不畏惧抽象"和"不轻视举例"．

"不讨厌计算"还应该发展成为"不拒绝任何复杂的计算"，不害怕"大式子"．我曾遇到一些学数学的朋友，由于学惯了"抽象数学"，有时遇见大式子反而害怕起来，或者有讨厌之感，这实际是一种不好的习惯．又近代数学中许多题材都带着很大的抽象面貌，因此"不畏惧抽象"的习惯必须养成，否则就无法亲近它们．至于"不轻视举例"的意义，此处已无须再提．

积极方面，我认为还要有几"要"．第一，要经常练习用自己的语言来复述所学到的概念和定理．如果做读书札记，那就更需要按照自己的体会来写．即使对于一些简单的概念或命题，时常设法换上自己的叙述或证明，也是很有益处的．

第二，要注意积累小经验．一个人读书做题，总能有些自己独有的经验或体会．不论经验多么小，只要注意积累，久之就会大大提高自己的水平．

---

①参看：《数学通报》"论数学职业"一文，1953(5).

第三,要慢慢来.尤其是自修阅读,宁可慢而不可速.经验告诉我们,潦草地读完三册书,还抵不上细致地读一册书的收获大.

第四,要留意书上各种问题的提法.不妨经常自己考自己:"为什么要提出这样的问题来讨论?""这些问题的考虑究竟有什么好处或意义?"这样时常练习,就能学到形成问题、提出问题的方法,而这对于培养研究能力来说,也是很重要的一步.

Euler 的方法、精神与风格[①]

  Euler 的名字是大家所熟悉的. 我们从初等几何、代数、三角直到近代高等数学与力学各学科，几乎随处可见以 Euler 命名的定理、公式、函数、方程及解法等.

  Euler 28 岁时右眼失明，到 59 岁时双目完全失明. 此后，他又度过了艰苦的 17 年，但是他一刻也没有停止工作. 在这最后的 17 年里，他通过口述，创作了大约 400 篇论文和几本教科书. 据历史记载，他在任何不安静的环境里都能专心工作，甚至在他临终前几分钟还在进行计算，可见 Euler 能做出那样多的贡献并不是偶然的，这是与他的坚强意志和苦干精神分不开的.

  "读读 Euler，他是我们大家的老师"，这是比 Euler 晚一代的杰出数学家 Laplace 当年向年轻人发出的发自内心的劝告. 确实，从 Euler 著作中人们可以学到许多东西，而其中最宝贵的就是 Euler 从事发现创造的思想方法.

  我们知道，自从微积分发明后，18—19 世纪是数学发展异常迅猛的时代，那个时代的数学家特别重视发现和创新，而往往把精细论证或证明作为发现新结果后的"补行手续". 就连精于严格证明的 Gauss 也不例外. 他曾说过，他在数论上的许多结果是先经发现而后补证的，其中有些结果是当初猜想出来的.

  但发现和创新往往离不开归纳法、类比法和计算实验. Euler 就是一个最善于通过归纳、类比和计算去发现数学真理的杰出典型. 所

①原载:《数理化生园地》，1985(1). 收入本书时做了删节和校订.

以，我认为如果国内能出版一两本引人入胜的"Euler 小传"，给年轻人讲讲 Euler 的思想方法，对于培养其数学创造性能力将是大有益处的.

所谓"归纳法"就是从特殊例子中总结出一般规律的方法，"类比法"就是根据事物（包括数量关系与空间形式）的某些相似性去做出由此及彼的推断的方法. 自然，这些方法都离不开观察、分析和实验. 所以，Euler 曾说过："数学这门科学也需要观察和实验."（言外之意是数学真理的发现过程和物理学定律的发现过程是相似的.）

试回忆一下立体几何学中多面体的 Euler 定理，亦即形如

$$F(\text{面数}) + V(\text{顶点数}) - E(\text{棱数}) = 2$$

的著名公式. 可以想见，当初 Euler 就是从对一批特殊的凸多面体的观察、分析中归纳出这一规律的. 今天，我们不妨也来做个试验，把一批不同的多面体放在大家面前，让大家通过观察把各种多面体的面数（F）、顶点数（V）、棱数（E）一一记录下来，然后试着从记录表中的数据去猜想 F、V、E 之间的数量关系——简单的线性关系. 毫无疑问，通过归纳总结，不少同学也会很快发现上述 Euler 定理.

还有一个特别有趣的例子是，Euler 大胆使用"类比法"，联想到多项式的因子分解，竟发现了正弦函数的因子分解式：

$$\sin x = x\left(1 - \frac{x^2}{\pi^2}\right)\left(1 - \frac{x^2}{4\pi^2}\right)\left(1 - \frac{x^2}{9\pi^2}\right)\cdots$$

这便是关于 $\sin x$ 的著名的 Euler 乘积公式. 将上述乘积展开，并与 $\sin x$ 的熟知展开式：

$$\sin x = x - \frac{1}{3!}x^3 + \frac{1}{5!}x^5 - \frac{1}{7!}x^7 + \cdots$$

做比较，即导出自然数平方的倒数级数和：

$$\frac{1}{1^2} + \frac{1}{2^2} + \frac{1}{3^2} + \frac{1}{4^2} + \cdots = \frac{\pi^2}{6}$$

这正好解决了 Euler 诞生前由 Bernoulli 提出的级数求和难题.

Euler 是一位既会发现规律又善于精确论证的数学家. 事实上，只要看一看他是如何把著名的"Koenigsberg 七桥问题"通过抽象分析思考化归为"一笔画问题"，然后证明其不可能性的过程，即可了解

Euler 的分析论证能力也是十分出色的.①

据统计,Euler 留给后人的丰富的科学遗产中,分析、代数、数论占 40%,物理和力学占 28%,几何学占 18%,天文学占 11%,弹道学与航海科学等占 3%.由此看来,Euler 不仅具有献身于数学科学的奋斗精神,而且还有着深入、广泛联系实际应用的精神.否则,他就不可能在力学、物理学与天文学等领域中也有那样多的贡献.

根据数学史记载,比 Euler 晚一辈的数学家 Lagrange 从 19 岁起就常和 Euler 通信,讨论等周问题的普遍解法,这最终导致了变分法的诞生.等周问题原是 Euler 思索多年的问题,Lagrange 的解法博得了 Euler 的热烈赞扬.当年 Euler 曾特别谦恭地压下自己在这方面较不成熟的作品暂不发表,而促使年轻的 Lagrange 的工作得以及早发表和流传,赢得很大声誉.后来,Euler 还热诚地把年轻的 Lagrange 推荐给普鲁士王腓特烈大帝去继任柏林科学院物理数学所所长.这些史实说明,Euler 不仅具有高尚的科学道德和风格,并且对提拔年轻学者也毫无保守思想.

尽管 Euler 是三个世纪前的数学家,但是他富于成果的治学方法、至死不倦的工作精神和纯洁高尚的道德风范,却是永远值得后人学习的.

①以上三例详见《徐利治谈数学方法论》中的"浅谈数学方法论"一文.

漫谈学数学[1]

　　现代社会的青少年往往要把不少时间花在数学学习上,这是适应社会进步发展需要的好现象.有人调查过,法国所以成为数学人才辈出的国家,其一贯重视中学数学教学是重要原因之一.这里我想和高中程度的青年们来漫谈一下学习数学的方法问题.

　　我想谈的是这样五个字:懂、化、猜、析、赏.

　　什么叫"懂"? 懂的含义是有不同层次的.比如一道难题,老师一步步把它解出来,我们对解题过程的每一步都看得明明白白而觉得懂了.其实,这样的懂只是一种"浅懂"或"表面的懂",未必是真正彻底的懂,这叫"见树不见林".学习数学也是这样,真正的懂必须达到整体性的理解,就是说要弄明白整个思路的来龙去脉,还要彻底理解它所以如此的道理.

　　恩格斯早就阐明过,纯数学的对象是现实世界的空间形式和数量关系.数学的解题过程或推理过程就是要寻找或证明某种客观存在的形式或关系,这一过程有其客观必然性.因此,只有把它理解得非常自然,非常直观,以至于达到所谓的"一目了然",它才真正变成你的知识财富.这时候,你就能使用自己的语言很自然地而不是背诵式地去表述你所理解的一切,在你脑子中"强记"它们也就毫无必要了.

　　比如,你能用数学归纳法证明二项式定理,你可以认为二项式定理你已经懂了.但真正的懂不能只停留在形式推理上,还必须懂得函数展开式为什么必然是那个样子,二项式系数为何恰为相应的组合

①原载:《中国青年报》,1985-3-26 及 1985-4-2.收入本书时做了校订.

数……这样,你才真正从全局上、直观上把握住二项式定理的实质.

真正的懂离不开数学直观,因此,数学直观力的培养非常重要.在学习过程中,处处多问几个为什么,尽量通过几何图形的直观比拟、不同实例间的相互比较,来想清楚种种数量关系或空间形式的必然性,将有利于培养直观力.

数学直观力也是导致发明创造的一种能力.18 世纪卓越的物理学家 Maxwell 有着把每个数学物理问题在头脑中构成形象的习惯,借此,他做出了许多重大的发现和创造.还有杰出数学家 Euler,他的许多发现也都是凭借明快的数学直观力获得的.Euler 一生勤于计算,因而熟能生巧,常能从算例中归纳出一般公式来.他还喜欢做类比、联想、试算(实验)和观察,这种工作方法正是使他不断产生数学直观力的重要条件.

现在来谈"化"这个字.比方,当朋友弄不明白你说话的意思时,你会来一个"换句话说",这就是保留原意而改变表述形式的意思.在处理数学问题时,往往需要若干次"换句话说"才能把原来的问题化难为易、化繁为简或化生为熟.所以,数学中的"化"就是指化简、化归和变化形式的意思,国内外有不少数学竞赛题实际就是要考"化"的本事.

学习几何与代数时,你会遇到"必要条件""充分条件""充要条件"等重要概念.当你试着去化简或者变换一个数学问题及其条件的表述形式时,就得做些演算或者按照充要条件这一概念去进行演绎推理.如果采用的是反证法,那么只需否定推理结论中所蕴含的必要条件就够了.不管怎样,要学好"化"的本事,必须注意计算的精确性与推理的严谨性.这种基本功是要靠早年培养的,要是错过了青年时代,就好比让一个中年人去练少林寺那一套无懈可击的武功,势必会感到事倍功半了.

青年人要学好数学,还需要学会猜想、分析和鉴赏,这就是我在上面提到的猜、析、赏三个字.

如果你有机会读一点数学家 Euler 的传记,或者选读 G. Pólya 的名著《数学与猜想》中的有关章节,就会知道数学中的许多漂亮公式和定理并不是靠什么"天才的灵机一动"想出来的,而是通过不厌其烦的归纳、类比、细心观察等过程猜想出来的.但是猜想只是帮助发现真理,最后还须补上一丝不苟的证明,才能把"猜想"变成数学的定理或公式.

举一个例子,当你把自然数的立方(从 1 开始)由小到大依次相加,就会发现依次得到的总和都是平方数.于是,你不妨做一个大胆猜想:"从 1 开始,n 个自然数的立方总和恰好是一个平方数."如果细心观察一下,还可进一步猜想上述的总和正好等于 n 个自然数总和的平方.如果你猜得不错的话,那就是一项很有趣的发现.但是为了验明你所猜想到的公式普遍成立,还必须应用数学归纳法给以严格证明.

其实,科学领域中的重大发现,大多是依靠合理猜想得出的.Newton 就曾有过经验之谈:"没有大胆的猜想,就做不出伟大的发现."所以,学习数学而想要有所作为,就必须学会猜想.要学好猜想的本事,必须培养三种品质,即勤奋、勇敢和细心.要学习 Euler,像他那样不怕麻烦,勤于计算,勤于观察,且能大胆设想,细心求证.

不可忘记数学也是一种解决问题的工具,想掌握好这种工具,一定要保持求解各种数学应用题的"好胃口".在解决应用问题的过程中,需要使用数学中常用的语言、概念、符号,把问题中所涉及的全部条件表述成数学形式.所谓"数学形式",可以是关系式、方程式、几何图形及算法程序等.数学形式更利于问题的解答,但是,数学形式是需要通过抽象分析思考得出的.因此,多做应用题能锻炼你的抽象思维能力和分析能力.

最常用的一种分析法叫作"逆推法",就是倒转过来研究问题的方法.当你猜到一个问题的结论但不知如何着手证明时,不妨把"结论"当作已知"条件"一步步倒退探索,这样就会摸清楚通向"结论"的道路和起点,然后再一步步返回结论.事实上,数学上的许多定理和公式,都是可以采用这种逆推法去重新发现它们的证明方法和推导过程的.

最后,我想谈谈数学的鉴赏问题,主要是怎样领会数学美的问题.马克思早就指出过,人类社会的生产是遵循美学原则的.当然,作为精神生产物的数学知识也是符合审美标准的,比如,几何学从很少几条不证自明的简单公理出发,经由演绎法井井有条地导出一系列推论和定理,使得整个理论结构表现得十分和谐统一,这不正如一座构造高雅的建筑物那样优美吗?

当你观察二项式系数所组成的杨辉三角时,你会发现某种"对称性"带来的美感.仔细欣赏圆周角定理时,你还会感受到某种变化中隐含有"不变性"的美.特别是当你学懂立体几何中的著名定理"球面面积正好等于它的大圆面积的四倍"时,你或许会产生某种惊叹,而这条定理正好显示出几何学中的"奇异美",即一种出乎意料之美.

数学里的美是随处可见的:基本概念的简单性、定理与公式的普遍性与统一性、方法的精巧性等都是数学美的特征.有些人把数学看作枯燥无味的科学,甚至望而却步,视为畏途,那真是一种误解或偏见!但正如欣赏中国的字画或西方的交响乐那样,感受数学美是需要一个学习和领会的过程的.对数学题材理解得越深刻,就越能领会并享受到"数学美",这样你就越喜爱数学,从而越钻越深,而决不会产生任何困倦或厌烦.数学是青年们准备向科技进军的重要工具,但愿大家都能喜爱它,学好它!

直觉与联想对学习和研究数学的作用①

1 引 言

　　"对待数学必须重视逻辑推理的严谨性,需要掌握演绎论证的技巧",这是数学教师经常对学生的有益教诲.现代心理学家常把理性的逻辑思维叫作收敛思维,而把感性的、直观的想象、联想、猜想等思维运动形式称为发散思维.这里,我想专门讨论属于发散思维范畴的直觉与联想在数学思维过程中的积极作用,并将举例介绍自己的点滴经验,以供青年同志们参考,尚希读者批评指正.

　　我在大学读书时,在几位数学教师的启发下,逐渐懂得了直觉能力(又称直观力)在理解数学和进行创造性思考中的重要性,并且领会到这种能力是可以在学习的过程中逐步得到提升的.我们学习数学理论、方法或定理时,怎样才算真正懂了呢?事实上,只有做到了直观上懂才算"真懂".所谓"真懂"的意思是指:对数学的理论、方法或定理能洞察其直观背景,并且看清楚它是如何从具体特例过渡到一般(抽象)形式的.

　　如此说来,为了达到"真懂"或"彻悟"的境界,不能只停留在弄清楚演绎论证的步骤,还必须重视具体特例的分析,注意直观背景素材的综合,亦即必须通过人脑的联想力和概括思维能力从具体素材中领悟出最基本、最本质、最一般性的东西.达到了这个境界,数学理论、方法或定理就好像您自己发现的一样,您就能用自己的语言随时把它们复述出来.当然,这些知识您也就终生难忘了.

　　①原载:《数学家谈怎样学数学》,黑龙江教育出版社,1986.收入本书时做了校订.

如果一位数学教师只给学生讲清楚一些数学定理的形式演绎论证步骤,而不指出定理的直观背景和整个来龙去脉,就好比带领一个人进入森林,只给他看一些个别的树木,却不让他见识整片森林的形貌,这就是所谓的"见树不见林".优秀的数学教师无疑都会使学生"既见树,又见林".但要做到这一点并非易事.教师本身首先要对数学教材做一番整体性的分析概括,使教材内容成为自己脑海中非常直观浅显的东西.这样才可能使学生也感到所学的知识是比较直观的,是完全符合他们的认识过程的.

20 世纪 40 年代我在西南联大时的老师华罗庚先生曾不止一次地对我们讲过他的读书经验,他说,"一本数学书应该越读越薄."怎样变薄呢? 其实,就是要彻底消化书中的知识,将其变为非常直观、非常概括的材料,最后就只留下最精髓的那一点儿.当然,书就变薄了.

2 数学直觉的含义

"数学的直觉"是有丰富的含义的,南京大学哲学系教师郑毓信同志曾对此做了分析讨论(参见《哲学研究》,1983).大家知道,近代数学基础问题研究领域中有一个"直觉主义流派",他们的观点十分偏激,但在西方数学界却有一定的影响.在这里,我并不想分析、评述这一流派的思想方法和观点,我想讨论的是另一个问题,即一般数学界较为普遍认可的"数学直觉"的内容含义.

我在青年时代曾经阅读过法国数学家 H. Poincaré 的《论数学的创造》一文,后来还阅读了 J. Hadamard 的《数学领域中的发明心理学》一书,感到很受启发."尽信书不如无书",当然我们不可能完全同意书中的观点,但是,这两位杰出数学家以他们自己的经验所阐发的某些心智活动规律,已经成为现代"创造学"研究工作者,特别是一些心理学家分析探讨的课题.

毫无疑问,如能根据辩证唯物主义的反映论观点去研究、评析 H. Poincaré 与 J. Hadamard 的数学创造学说,那将是很有意义的工作.

按照 H. Poincaré 和 J. Hadamard 的见解,数学上的创造发明同自然科学领域中的发明创造一样,无非是"选择"而已.这就是说,无非是选择最有用的"观念组合",以产生新思想、新概念、新发明.那么,凭什么才能做出观念组合的最佳选择呢?他们认为,选择能力的基础就是"数学直觉",而数学直觉的本质就是某种"美的意识"或"美感".这样说来,似乎有点不可思议了.

其实,通俗一点讲,"数学直觉"应包括人脑认识反映过程中的"美的直觉""真伪的直觉"和"关系的直觉"等几个方面.因为一切事物(包括作为数学概念背景的事物或对象)都处在对立统一和普遍联系的关系之中,所以在它们之间会呈现出某种**对称性、协调性、统一性和简洁性**,这些便构成美的直觉内容.通常学得的数学知识越多,便越会增强"数学美"的直觉意识.正是这种意识能帮助人们去选取数学观念间的最佳组合,从而形成新的数学思想或概念.新思想、新概念经常以"**顿悟**"的形式出现,"顿悟"实际就是**认识过程的飞跃**.

许多有经验的数学工作者,在探索数学真理的过程中,常常会做出种种近乎正确的数学猜想.实际上,很多数学定理最初都是猜出来的,而证明不过是后来补行的手续.猜想正是人们借助于"**真伪的直觉**"所表现的思维形式.这种思维形式对推动科学进步起到很大的作用,我们从事数学工作的人往往也是离不开这种思维形式的.

在数学领域里,"关系的直觉"内容也很丰富.例如,关于"序"的直觉、"相似性"与"相关性"的直觉、对应关系的直觉、连续性的直觉以及空间的对称性直觉等都属于这一范畴.我们从事数学研究时,常常凭借这种直觉产生类比联想,把一些表面上似乎无关的对象纳入同一个更高层次的理论框架中.只要看一看现代各门高度发展了的数学理论结构体系的丰富概括性,就可以意识到人脑思维的"关系直觉"在现代数学结构体系的发展中起了多么重要的作用!

上述各种直觉当然不是天赋的.一个人从儿童时代学习算术起,就开始逐步发展上述各种直觉能力.事实上,一切直觉能力都是通过实践成长起来的.

3 直觉与联想的关系

直觉能力和抽象思维能力是相辅相成的.如果没有任何直觉做基础,则数学的抽象思维是根本不能进行的.19 世纪德国的分析数学大师 Weierstrass 是一位十分严谨的数学家,他曾经做出了一个"处处连续处处不可微"的著名函数,令人信服.这个函数的直观含义是,它在每个无限小邻域内都有无限小振幅的振荡.当然,这可以凭借极限手段来做出.后来,代数学家 van der Waerden 根据同样思想,干脆利用折线函数的无限叠加来做出具有同样性质的函数.试想,假如上述两位数学家缺乏生动的直观能力,哪能构造出上述例子?

从感性到理性,从生动的直观到抽象思维,是任何一位数学工作者都必须遵循的认识规律.数学直觉既是抽象思维的起点,又是其归宿.通过抽象思维,对数学对象的本质有所洞察,有所概括,就形成了更高层次的数学直觉,从而又可进行更高层次的创造性思维活动.

直觉与联想这两种思维运动形式也是互为因果的.前者促进后者的展开,而后者又反过来充实并发展前者的内容.所以,对于一个学习或研究数学的人来说,为了开发智力必须同时注意培养直觉与联想两种能力.怎样培养呢?我想,首先要注意培养较广泛的兴趣,要博览群书,好学深思,要多想问题,甚至不限于思考数学领域内部的问题.

数学史上许多做出大贡献的数学家往往不是专攻数学一科的学者.他们往往怀有广泛的兴趣去研究其他有关应用部门的种种问题,以及和生产实践相联系的问题,因此联想特别丰富,数学直觉能力也特别强,做出的创造发明也最多.

我国宋代爱国诗人陆游曾谈到学习作诗的经验,他说,"纸上得来终觉浅,绝知此事要躬行""汝果欲学诗,功夫在诗外".其实,对从事数学工作的人来说,道理也是一样的,必须注重实践,联系实际,经常动手解决问题,才能掌握数学工具,并能有所创造.不能总是把自己的视野局限于一个科目或一个分支,否则由于联想范围的狭窄就很难做出有意义的贡献.一位英国科学家曾说过,一个人如果长期钻研一个问题,就容易使自己的思想枯涩起来,当然不可能发展创造能力.特别是他曾经谈道:"成功的科学家往往是兴趣广泛的人,他们的独创精神可能来自他们的博学."我想,这句话是很有道理的.

4 谈一点个人经验

这里我想谈一点亲身经验,说一说直觉与联想是如何在我的一项工作中起到推进作用的.我在跟华罗庚教授学习数论时曾听说他去重庆时破译了当年侵华日军军事密码中利用 Möbius 反演公式一事,这就引起我对上述反演公式的兴趣.1964 年,我又闻知美国的组合学家 Rota 对上述反演公式做了高度的抽象概括,使其成为组合学中的重要工具.1967 年,我曾利用互反 μ 函数概念把 Möbius-Rota 公式进行拓广并做了种种应用.但上述拓广毕竟是十分平凡的,并无实质性的发展.

1980 年后,我开始思索一个更基本的问题:离散数学中的反演公式是否可以和分析数学中的著名反演公式如 Newton-Leibniz 积分学基本定理等获得某种统一呢?这就涉及离散数学与连续数学两类不同结构的沟通问题.开始我并没有找到这种沟通的桥梁,但借助于关系直觉,我仿佛模糊地意识到 A. Robinson 的"非标准分析"方法有成为桥梁的可能.这个联想是怎样形成的呢? 注意到非标准微积分学中,定积分可以作为精细分割点列上的离散形式的总和的标准部分.这就是说,定积分对应的和式在非标准数域上具有离散化的形式.这就使我直观地猜想到离散型的广义 Möbius 反演公式有可能推广到非标准数域.接着我就逻辑地验证这个想法,果然达到目的,得到了一条普遍的反演定理,把组合学中的反演公式和卷积方程论中的一些反演定理(包括微积分基本定理)都作为特例概括进去了.我想这个工作的意义并不在于拓广本身,而主要在于表明:离散数学与连续数学的特定部分是能够实现沟通的.同时,它还表明"非标准分析"方法确实能起到一般标准分析学所起不到的作用(上述初步结果已发表于《科学探索》,1983,3(1)).

由上所述,可见学习上的"不保守"或许也是值得介绍的一点经验.事实上,假如在 20 世纪 70 年代我采取了像国外有些分析学家瞧不起"非标准分析"的态度,或者干脆轻率地认为那不过是"标准分析"的等价物而已,那么我就不会虚心地去学习非标准分析,也就不会使自己的想象力伸入新的领域,当然更不可能发现离散数学与连续数学中两类重要的反演关系能够统一起来.

我搞了几十年的数学工作,深深感到学习和研究数学是互相促进的.学习数学知识必须重视生动的直观背景并采取分析研究态度,才能学得透,学得活.另一方面,研究工作过程中又必须随时学习新知识,掌握新工具,才能开阔视野,扩大联想领域,获取新的成果.

数学上的创新和发明绝不是神秘莫测的事情,只要坚持辩证唯物主义的反映论观点,就不难发现客观规律.只要很好地运用这些规律,人人都能进行创造发明活动.本文所讨论的数学直觉与联想不过是数学发明创造心智过程中的两个环节而已.这些涉及"微观数学方法论"的问题,在拙著《数学方法论十二讲》的第一讲与第十讲中已做了较多的论述,这里就不多说了.

略论科学计算在理论研究中的作用①

1 引 言

20 世纪 80 年代以来,科学计算(scientific computing)的意义和重要性日益引起人们的关心和重视.1983 年,美国以 P. D. Lax 为首的一个专家组就曾向美国政府提出报告,强调了科学计算是关系到国家安全、经济发展和科技进步的关键性环节,是事关国家命运的大事.

1989 年 4 月,美国政府批评德克萨斯州教育部门在中小学数学课的教学中忽视了计算能力的培养.在这以前,有关组织调查了英国、加拿大和美国的一些中小学数学教学,抽查了数以万计的中小学生,发现美国学生的计算能力远远不如英国、加拿大的学生.发现被抽查的得克萨斯州未经由专家参加的委员会同意,就在全州试用新教材,而新教材恰恰忽视了数学课中对中小学生计算能力的培养.

冯康、周毓麟等曾于 1987 年 4 月在北京举行的中国计算数学会理事会上的报告中指出,科学计算的内容含义是极为丰富的,科学计算主要是处理现代科技与工程中大规模、非线性、非均匀性和几何非规则性的巨型问题(包括数学方程组,特别是偏微分方程组的数值求解问题).

科学计算可以理解为整套过程,即从给定的科技问题(计算任务)出发,进行分析研究,建立数学模型,研究计算方法,直到配置算法程序,利用现代计算机执行计算任务,最终检验实际效果.如果结果不合要求,还须进行反复,重新回到修改数学模型、设计新的计算方案等过

①原载:《计算数学通讯》,1987(2).收入本书时做了校订.

程.所以,科学计算应是数学理论分析与计算艺术的高度结合,特别要和计算机的灵活使用相配合.

《美国数学的现在和未来》(*Renewing U. S. Mathematics*,周仲良,郭镜明,译.复旦大学出版社,1986)一书还指出,科学计算的发展已导致应用数学和物理科学中的一些分支正在经历着一场革命性变革.

2 从一个著名例子谈起

值得指出的是,即使在数学理论研究中,科学计算也已开始扮演前所未有的重要角色.事实上,当代数学家面对束手无策的困难的理论课题时,也往往求助于科学计算.最著名的例子莫过于 1976 年 K. Appel 和 W. Haken 通过科学计算(在电子计算机上花费了 1 200 个机时),终于在所有平面图的可约构形中找出了一个"不可免完备集",从而证明了四色问题的猜想,即四色定理.

此外,还有两个特别引人注目的事例值得介绍:一是关于证明 Bieberbach 猜想的曲折过程;二是现代实验数论的兴起和有人试图否定 Riemann 假设的尝试.

著名的 Bieberbach 猜想,是一个关于单位圆域内的单叶函数

$$f(z) = z + \sum_{n \geqslant 2} a_n z^n$$

的系数满足不等式

$$|a_n| \leqslant n \quad (n = 2, 3, \cdots)$$

的猜测性命题.多少年来人们为了寻求这个命题的证明耗费了大量心血,直到 1984 年 2 月底才发现这一命题的正确证明.如今人们称之为 Branges 定理.

美国数学家 Louis de Branges 从事上述猜想的论证已有多年而且发表过错误的论文,以致有些同行曾对他失去信任.不管怎样,他最终运用泛函方法,把 Bieberbach 猜想(命题)合理地归结为某一个 Jacobi 多项式积分恒取正值的断言,即

$$\int_0^1 {}_2F_1\left(-n, n+a+2, (a+3)/2, st\right) s^{(a-1)/2} (1-s)^{(a-1)/2} \mathrm{d}s > 0 \quad ①$$

此处 $a > -1, 0 > t > 1$,而 ${}_2F_1$ 为超几何函数,可以表示成 Jacobi 多项式.换言之,只要证明不等式①对一切 $n \geqslant 2$ 都成立,则 Bieberbach 猜

想便成立.

Branges 自己曾努力试证过①而未能成功.没有办法,他只好求助于同事 Gautschi. Gautschi 是位杰出的数值分析家,他听懂了 Branges 解释的思路,认为很有道理,于是很快运用科学计算技巧,建立合理的计算方案和算法程序,并立即使用计算机对①进行数值验证,一直验证到 $n \leqslant 40$ 都成立.这大大增强了 Branges 的信心,而且所得结果十分令人鼓舞,因为这已经远远超过人们关于 $n=2,3,4,5,6,7,8$ 等逐个加以证明 $|a_n| \leqslant n$ 的历史记录了.然而,如何对一切 $n \geqslant 2$ 去证明①成立,仍然是 Branges 和 Gautschi 所面临的一大难题.

1984 年 2 月 29 日,Gautschi 忽然想到给特殊函数论名家 Askey 打电话,在电话交谈中 Askey 曾断然否定说:"我不相信那是可能的.""复分析中的精确不等式(指 $|a_n| \leqslant n$)怎么能用实分析中的工具去证明呢?"但是,Gautschi 还是耐心地说服了他,要他研究一下形如①的不等式究竟能否成立.

当天晚上,Gautschi 接到了 Askey 的令人兴奋的电话答复:"您所说的'Bieberbach 猜想',并不是猜想,而是一个定理呢!"事实上,那是 Askey 与 Gasper 在 1976 年合写的一篇文章中某定理的特款.(参见 *Amer. J. Math.*,1976,98:709-737)

第二天清晨,当 Gautschi 在校园里碰见 Branges 时便立即转告了这个好消息.Branges 当即欢呼说:"这样,Bieberbach 猜想便证明成功了."接着,1985 年,*Acta* 杂志便公布了 Branges 的著名论文——A proof of the Bieberbach conjecture. 显然,这是国际函数论界的一件大事.

3 总结科学计算的三点作用

再谈一点"实验数论"的兴起.众所周知,Fermat 曾猜想过形如

$$F_n = 2^{2^n} + 1 \quad (n=1,2,3,\cdots)$$

的整数都是素数.事隔多年后 Euler 却找出了反例:

$$F_5 = 2^{32} + 1 = 4\ 294\ 967\ 297 = 641 \times 6\ 700\ 417$$

今天,每一个高中或初中学生使用有 10 位数字的计算器便能立即验明 641 确实是 F_5 的素因子.现今人们完全可以想象:假如 Fermat 当

年已经有了计算器,并且手头有一张 1 000 以内的素数表,则只需略做数值实验,便不至于提出上述错误猜想了.

近现代的实验数论是由 Lehmer 和 Vandiver 等人创始的,后继者的研究成果甚多. 例如,借用科学计算,Selfridge 等人曾系统地搜索了各种"同幂等和问题"的最小解. 美国的亚利桑那大学还有一个数论小组,专门研究如何运用计算机程序计算技巧探索数论中的许多问题. 特别是由于大整数的素因子分解问题与现代密码研究(如"公开密钥方法"研究)有关,而这又必须借助于现代计算技术,所以愈来愈多的数论专家乃至代数学家都逐步变成精通科学计算的专家了.

最令人瞩目的是曾来过中国的 Varga,他曾借助于科学计算,成功地处理了苏联已故数学家 Bernstein 遗留下来的几个不甚知名的猜想. 他还有一个雄心勃勃的计划,即希望通过大规模科学计算去否定 Riemann 假设(简记 RH)——关于"$\zeta\left(\frac{1}{2}+it\right)$ 的非平凡零点均为实数"的猜想. 英国已故分析学大师 Littlewood 生前表示过,他在直觉上倾向于否定 RH. Varga 的信念是与 Littlewood 相一致的,他曾公开扬言:如果 RH 确实是错的,则他将有机会获得成功,即成功地验明该假设为假;但如果 RH 是对的,则今后他的全部努力将会前功尽弃. 当然,RH 究竟是对还是错,人们只好拭目以待. 不管怎样,理论研究不断深入地依靠着科学计算,其结果不仅对理论建树有益,而且也有利于推进科学计算本身的发展.

综上所述,现代科学计算对理论研究的作用至少有如下几点:

(1)针对问题需要,系统地提供数据,可以供归纳、分析之用. 这样就有利于发现新现象、新规律.

(2)可以帮助检验猜想,包括检验思路和设想,以便发现差错,少走弯路.

(3)帮助确立科研方案(或理想计划),使人增强信念,有利于最后取得成功,Branges 的成功就是很好的例子.

数学家是怎样思考和解决问题的①

历史上有许多位杰出的数学家的思想方法和解决问题的方法是特别值得介绍的. 比如,16—17 世纪的 Descartes、18 世纪的 Euler、18—19 世纪的 Lagrange、Gauss、Abel、Jacobi、Galois,还有近代的 H. Poincaré、S. Ramanujan 和现代的 P. Erdös 等,这些数学家不仅是解题的能手,而且也是发明创造的大师. 在这里自然不可能全面地介绍他们研究问题的思想方法,而只能用举例的方式,概略地谈谈他们**分析解决数学难题的一般策略和手段**(当然也必然谈及他们的一般方法原则).

首先介绍 Descartes. 他并不是一位纯粹的专业数学家,而是一位哲学思想家. 他致力于哲学的沉思可能比在数学思考上花费的时间更多.**哲学家往往具有纵观全局的气魄,喜欢从事物的联系上思考最基本、最普遍的问题**,因此他成为解析几何学的发明者是不足为怪的!事实上,解析几何就是通过联想发明的.

据历史记载,Descartes 在一次患病之后,一天早晨醒来,躺在床上琢磨着几何学与代数学的关系问题.通过"联想",忽然领悟几何上最简单的对象"**直线**"能和代数上最简单的对象"**一次方程**"联系起来,**利用点的坐标概念**能在两者之间建立对应关系.Euclid 时代人们就已经知道直线可以看作由点运动而成的,从而表示**点位置的坐标**(x,y) 也就成为一对变量. 这样,Descartes 不仅形成了解析几何的原始思想,而且创立了变量概念.

①原载:《数学学习心理》,1988(2).收入本书时做了校订.

Descartes 又进一步揭示了圆锥曲线(圆、椭圆、抛物线、双曲线)和二元二次方程的对应关系. 他写了一本《几何学》的名著, 从而成为解析几何学的创始人.

"联想"能导致伟大的创造发明. 上述 Descartes 发明解析几何的故事, 正好给我们提供了一个光辉的榜样.

联想是一种思维活动, 简单地说就是把不同事物联系起来的一种思想方法.

在日常生活中人们也常常靠联想去解决问题. 比如, 天下雨, 家里既没有雨伞, 又没有雨衣, 出门怎么办? 雨衣中有塑料雨衣, 忽然联想到家里有块塑料布, 于是就用塑料布顶在头上作为雨衣的代用品, 这就是靠联想解决问题的.

还有一个很有趣的例子. 一个乒乓球掉进一根埋在地下垂直的管道中无法取出, 桌子上放着一壶水, 聪明的人**联想到水和球在一起能使球浮起来的现象**, 于是把水倒进管道中, 就把乒乓球取出来了.

现在我们来讲讲 Euler 的故事. Euler 一生中解决了许许多多的数学问题, 在数学上做出了许多重要贡献. 从初等数学到高等数学的各门数学中, 到处都可以见到 Euler 的名字. 正如 18 世纪法国数学家兼天文学家 Laplace 所说:"Euler 是我们大家的老师".

Euler 特别善于用**联想和归纳法**解决问题. 例如, 大家知道, 代数多项式可以分解因子. 通过因子分解, 令各个一次因式为零便可求出该代数方程的各个根. 反之, 如果各个根已知, 则**多项式**便可用各个根做成的一次式为因式连乘起来, 从而多项式便可**表示成因子连乘积**. 那么, 像 $\sin x$ 这样的函数能否表示成因子连乘积呢? 这是 Euler 通过联想解决的大难题之一. 已知

$$\sin x = x - \frac{x^3}{3!} + \frac{x^5}{5!} - \frac{x^7}{7!} + \cdots$$

于是, $\sin x$ 便可看作一个无限次的代数多项式. Euler 把它和代数多项式因子分解定理做比较, 便联想到 $\sin x$ 也应该能表示成因子连乘积. 但因为 $\sin x = 0$ 有无穷多个根: $x = 0, \pm\pi, \pm 2\pi, \pm 3\pi, \cdots$, 所以 $\sin x$ 应表示成无穷多个因子的乘积. 于是, 通过联想和类比, Euler 便发现 $\sin x$ 可分解成下列因子的连乘积:

$$\sin x = x\left(1-\frac{x^2}{\pi^2}\right)\left[1-\frac{x^2}{(2\pi)^2}\right]\left[1-\frac{x^2}{(3\pi)^2}\right]\cdots$$

这便是著名的 Euler 公式.这个公式利用数学分析方法可以获得严格的证明.特别有趣的是,如果把上式右端展开,可以看出 $-x^3$ 的系数是

$$\frac{1}{\pi^2}+\frac{1}{(2\pi)^2}+\frac{1}{(3\pi)^2}+\cdots=\frac{1}{3!}$$

从而得到自然数平方之倒数的级数和公式

$$\frac{1}{1^2}+\frac{1}{2^2}+\frac{1}{3^2}+\cdots=\frac{\pi^2}{6}$$

这又恰好解决了 Jacob Bernoulli 在 Euler 生前若干年提出的一个难题.Bernoulli 一生解决过许多级数求和问题,但对平方数倒数的级数求和问题却始终未能解决,因此曾公开提出上述难题.这一难题经过数十年之后才为 Euler 所解决,解答即如上述.

数学上的许多定理和公式是用**联想法和类比法发现的**.类比法就是对两个或几个相似的东西进行联想,把它们中间**某个较熟悉的性质**转移到和它相似的对象上去,从而做出相应的判断或推理.比如,人们考虑问题时常说"我想到办法了",其实就是联想到了.

联想也是一种能力,需要通过学习和工作实践去培养.一个人的知识越丰富,它的联想范围便越广阔,因而联想能力也越强.所谓"联想翩翩,海阔天空",不仅对文学作家是必要的,而且对数学家也是必要的.缺乏联想,很难有所创新,有所发现.历史上的杰出数学家不仅善于"联想",而且还都是使用"**归纳法**"的能手.归纳法就是从特殊到一般的思想方法,无数特殊性的事物中往往蕴含着某种共同性的东西或普遍关系,把这种共同性的东西或普遍关系找出来,表述为一般性命题或普遍公式,就是归纳法.著名数学家 Gauss 说过,他在数论上的许多定理都是靠一般归纳法发现的,至于证明,则是后来补上的.大家学过"**数学归纳法**",这是一种适用于发现和论证自然数命题的归纳法.它也是从特殊过渡到一般的思想方法.**数学归纳法非常重要**.对搞数学的人来说,不说天天用到它,也是年年月月用到它.当人们碰到一个与自然数 n 有关的数学问题时,如果一时无法下手,就应该首先观察简单的情形,即观察 $n=1$,$n=2$ 或 $n=3$ 时,问题的解(或答案)应该怎样.如果连最简单的情形**问题答案**都无法确定,那么对**一般情形**

自然就更无从琢磨了．因此，要重视特例，**耐心地观察特例**，善于分析特例，并从中猜想出普遍性的结论，这就是使用归纳法的重要步骤．当然，还要学会从 $n = k$ 过渡到 $n = k + 1$ 的演绎推理方法．

Gauss 在十八九岁时，就研究了古代几何学流传下来的"圆等分问题"，即用**直尺和圆规如何等分圆周的问题**，也就是如何作正 n 边形的问题．历史上早就有正三角形、正五边形的尺规作图法．但正七边形、正 13 边形、正 17 边形等如何用尺规作图呢？这也是当年的著名难题．Gauss 通过联想、类比和归纳法，在其 19 岁时(1796)，发现了正 17 边形的尺规作图法．他非常兴奋，并因此确立了献身数学事业的志愿．后来，他果然成为一位杰出的数学家．多年前我写过一本小册子《浅谈数学方法论》．书中的"附录"就专门介绍了 Gauss 解决正 17 边形之尺规作图问题的方法过程，并谈到了他的一般分圆定理．这个定理就是用归纳法导出的光辉成果，它彻底解答了**哪些正多边形才是能够用尺规作图的大难题**．

我的那本小册子还谈到了"**倒推分析法**"和"**抽象分析法**"．这些也都是解决数学问题的重点方法．书中特别以 Euler 解决"**Koenigsberg 七桥问题**"为例，说明了**抽象分析法**的思想过程．

搞数学研究的人，一辈子都离不开"抽象分析法"．这种方法包含如下的基本过程：

第一步，必须把应用问题(或实际问题)表现成**数学问题**．这就需要使用**数学语言、数学概念和数学符号**表述问题．例如，解代数应用题时，用 x、y 等表示未知数，用 a、b 等表示已知数，并按照题设条件，用等式将这些字母联结起来变成**方程式**．这就把应用题转化为数学问题．这一步用的是**抽象分析法**．因为用 x、y 等代表应用问题中的未知量，已经是一种抽象的表示法了．至于把应用问题中的某种**具体条件或关系**表述成抽象的数学等式或方程式，更是抽象分析后的结果．使用抽象分析法，必须看透问题的本质，抓住主要环节，略去次要环节．

第二步，对已经表述成**数学形式**的数学问题再使用演绎推理或逻辑分析法或计算方法等求得答案．

当然，已经形成的数学问题有大有小，有难有易．下面专门谈论处理和解决数学问题的**一般原则**．

面对一个数学问题,为了便于解决,首要的一步,就是要设法**简化问题**.简化的意思有两层,一层是**转化问题形式**,就是把问题改换一个提法,即**改述成另一个相当的形式**,使得改换后的形式比较"熟悉",能和自己已知的知识联系起来,从而利用已知的知识解决. G. Pólya 所写的《数学中的归纳和类比》《数学的发现》和《怎样解题》这三部书中就有不少例子谈到了问题变形的技巧.学习数学命题时,必须懂得什么叫**必要条件**,什么叫**充分条件**,什么是既必要又充分的条件——简称"充要条件".彻底**理解充要条件的概念**并善于使用这种概念去分析、观察问题,就会转化问题的形式.使面貌生疏的问题转化为面貌熟悉的问题,便于用已知知识来解决.

"简化问题"的另一层意思,就是**分解问题**.即把问题分解成**若干组成部分**,也就是把一个较大或复杂的问题分解成一些"**子问题**"或"**小问题**",然后把每个小问题各个击破,最后合拢起来,也就解决了整个问题.

综上所述,"简化"包括"转化"和"分解".优秀的数学工作者或解题能手,往往都能掌握**转化问题和分解问题**的技巧.这种技巧是怎样获得的呢?当然要靠多解题、多思考、多总结经验.最好是多看看历史上著名数学家是怎样做的,从中受些启发.

数学问题经过简化之后,不见得马上就能解决.这时还需做进一步分析.对于较难的问题,数学家们有时往往**凭直观和经验去猜测**问题的可能"**答案**"和可能的"**解决途径**".

怎样去猜测?这又往往要使用联想和类比方法.怎样去探求解决途径?一旦有了比较自信的认为合理的"猜测答案"之后,数学家往往采取**倒推法**寻找解决问题的途径(包括利用倒推法探求答案成立的**条件**等).有时还需补充使用尝试成功法或试探法.

国外有些科学方法论专家和心理学家已经在研究"联想的规律""类比的方法""猜测的技巧"等.我想这方面的研究是很重要的,因为它有助于培养人们创造发明和解决问题的能力.

谈自学成才①

　　自学成才之路是非常宽广的.要自学成才,一定要有理想、志趣、毅力和方法,我想理想是最关键的.早年我曾读过一些革命家、科学家和实业家的传记故事,体会到他们的成就和贡献都和他们高尚的人生理想分不开.他们都在青年时代就立志要做一个有益于社会的人,一个对国家和社会有贡献的人.这样一种理想或抱负便成为激励他们永远奋发向上的积极动力,其结果往往是"有志者事竟成".

　　理想的具体化就是"立志"."志"是需要相应的德行和情操才能使之逐步完善并得到实现的.至于各种各样个人野心家的歪志,当然是经不起历史考验的,这在人类历史上已有无数的例证了.

　　一般成才者都离不开自学,即使读完了大学也还要靠自学.例如,我早年毕业于西南联大数学系,后来成了大学教授.但是,在我现有的数学知识中,至少 70% 的知识是通过长年累月的自学取得的.我认为,任何学校教育都不能代替自学的功效,只有自学才能最有效地获取活知识,并能有效地培养独立工作能力和创造才能.中国历史上的诸葛亮就没有进过高等学府,英国的电磁学鼻祖 M. Faraday、美国博学多才的发明家 B. Franklin 等连中学教育都没有完成,他们都是自学成才的光辉例子.人们从中外历史上可以找到无数自学成才的实例.

　　"行行出状元",自学可以结合各自的生活环境、职业、工作实践来进行.但高尚的志趣、坚忍不拔的毅力和正确的自学方法确实是不可

①原载:《名家谈自学》,兰州大学出版社,1988.收入本书时做了校订.

缺少的条件,而这些都是和正确的理想分不开的,所以,人生理想是支配一切的.

自学主要靠自己,但又不能独学而无友.要找志同道合的朋友相互切磋和互相勉励.此外,不同行业的人也可成为学习上的好朋友和好老师.因为不同领域的知识经验的交流,能使自己耳目一新,获得许多新的见识和有用经验.事实上,人们的头脑具有转移经验的能力,经验一经转移,就可能使自己的工作、事业获得更大成功.自学成才者往往不是孤军作战的,如果只凭"个人奋斗",那是不可能做出更大贡献的.

"自学"不限于"书本知识",但书本毕竟是人类知识经验的"载体",能使人很快地从中取得大量间接性的宝贵经验和知识.所以,读书是自学过程中的重要环节.

不少人提倡"博览群书".实际上在十分有限的人生中,任何人都只能选读一部分对自己工作职业最为有用的书籍,真要做到"博览群书"是不容易的.但是我们仍赞成这样的观点:人脑的知识库藏不应太单调、太贫乏.不论是哪行哪业,都需读点哲学书、历史书和文学书.

辩证唯物主义的哲学是一种发展着的活的哲学,它可以指导一切.历史书使人明辨是非,且能培养爱国意识和高尚情操.优秀的文学作品则往往能够陶冶性情,激励人们奋发向上的精神,并有助于培育艺术和科学的创造才能.我相信,对国家和社会能做出贡献的自学成才者,都是需要有一点哲学头脑、历史知识和文学爱好的.

"博览群书"在一时一地固然不易做到,但在人生过程中,如能把它作为一个不断追求的目标,并能不断地、有选择地从"群书"中吸取有益的智慧和力量,那将使学习和工作丰富多彩,也是一种人生的快乐.如果养成了喜欢读书的好习惯,就能从百忙中挤出时间去涉猎遍布智慧之花的书林了.

以上谈了对自学成才的一点看法,很不全面,仅供有志于自学成才的青年们参考.

数学研究中的创造性思维规律①

1 数学研究的目的

众所周知,现代科学技术处处都要用到数学.事实上,对各个科技领域中许多问题的分析,都将归结为数学课题的研究.此外,数学在其本身的发展过程中,还要解决一系列或大或小、或难或易的内部问题,这即为数学本身的研究内容.

普遍认为,数学主要是关于理想化的"量化模式"的研究.这一观点是英国数学家兼哲学家 Whitehead 提出的.如果使用"模式"这个词来表示事物(包括抽象物)关系结构的形式模型,则可以说,数学在各个不同的抽象化层次上,总是从业已模式化的个体出发,在进一步的抽象过程中对可能形成的模式进行研究.显然,现代数学诸分支的发展情况正好说明了这一事实.

由此可见,现代数学研究的目的无非是要发现数学模式、构造数学模式以及扩充和发展数学模式.这里应对数学模式的含义做广泛的理解.例如,不仅工程师和应用数学家所使用的各种数量模型都可视为数学模式,而且关于各种数学问题的处理方式和解决方法以及各种数学理论结构体系,也都属于模式之列.小而言之,哪怕是一个数学公式、一条数学定理、一种计算方法或是一个带有某种一般性的数学概念,也应看作一种或大或小的模式.当然,凡是数学模式都应具备一义性、精确性和一定条件下的普适性.

数学模式在一定的抽象层次上反映和表现关系结构.因此,如何

---

①原载:《百科知识》,1989(3).收入本书时做了校订.

运用思维技巧和特定的逻辑工具去发现、提炼、设计、构筑和表现各种合理而有用的关系结构(或结构系统),便成为数学创造性研究的主要内容.在近现代数学发展史上,许多有杰出贡献的数学家都是善于发现和构筑关系结构体系的能工巧匠.

2 数学中的发现和发明

数学中的概念、公理、命题、公式、证明以及各种理论系统,究竟是发现的还是发明创造出来的?这是个需要认真讨论的问题,数学家们对此众说纷纭.

最简短的辩论可以这样开始:有 A、B 两人,A 认为像 $3+5=8$ 这样一个等式只能被发现而不能被发明,因为它反映了客观存在的一种数量关系,而这种关系显然不是人创造出来的;但 B 认为,Riemann 关于多值复变函数单值化的 Riemann 面这种纯想象的创造物,不能在现实世界中找到相应的原型.于是,也许会有一个第三者 C 出来说:看来初等数学的题材,多半是直接反映现实世界中的数量关系和空间形式的模式,因此可认为是被发现的事物,而现代高等数学中的许多东西,多半是人脑纯理想的"自由构造或创造",所以应看作被发明的产物.

这样,C 所采取的调和折中的观点,就可能同时为 A、B 双方所接受,但仍然没有从根本上解决"数学发现"与"数学发明"的争议问题.因为数学科学是一个统一体,初等数学与高等数学只有层次上的不同,而作为反映关系结构的模式却并无本质区别.

发现与发明的争议始终存在于数学哲学界的 Plato 主义派与直觉主义派之间.前者坚持数学对象的客观存在性,后者强调数学构造的主观创造性.例如,直觉主义派的鼻祖 Kronecker 坚持认为除了自然数是上帝创造出来的之外,数学中的其余一切事物都是人们心灵的创造物,也就是发明的产物.

既然数学的实质是分析、建立并研究"关系结构的量化模式",那么,"发现说"与"发明说"的争议根源可以归结为数学模式的客观性与主观性问题.

作者曾与郑毓信在一篇题为《略论数学真理及真理性程度》的文

章(参见《徐利治谈数学哲学》)中对数学模式的客观性做过一般性分析.主要论点如下:

第一,合理的数学模式应该是一种具有真实背景的抽象物,而且完成模式的抽象过程理应遵循科学抽象的法则(这里所说的抽象未必是建立在原型之上的直接抽象,也可以是较为间接的或多层次的抽象),因此,必须首先肯定数学模式在内容上的客观性.

第二,数学模式是创造性思维的产物(有时甚至包含很高的构造技巧),它们一旦得到明确的构造,即可获得相对独立性,人们就只能客观地对它们加以运用和研究.这就如同弈棋一样,规则既定,棋手就必须严格遵循,而"棋谱"也就成为客观研究的对象.从组合数学的观点来看,完全人为的"棋谱"也可成为组合分析的有趣题材.

上述第二点不仅说明了数学模式"形式上的客观性",而且指出即使是纯心智的构造物也可成为数学研究的客观对象.

可见,在数学模式的创建过程中发明与发现是交互为用的.着眼于数学模式的创建技巧,可称之为发明;着眼于模式的客观性以及对客观关系的揭示,则称之为发现.例如,通常人们说 Newton 和 Leibniz 发现了微积分基本原理,这是不错的,因为基本原理本来是客观存在的一种关系结构.但是也可以说,Newton 和 Leibniz 发明了微积分,因为他们所引进的一系列运算符号和算法技巧又带有人为制作的性质.

一般说来,运用智慧去创造模式可称为创造和发明,揭示客观关系则称为发现.但在数学中,模式往往反映客观关系,所以按照Plato主义者的说法,将创造出来的数学模式称之为发现亦无不可.

3 H. Poincaré 的发明心理学

数学发现与发明的思维规律,属于数学创造心理学的范畴.法国数学家 H. Poincaré 和 J. Hadamard 总结了近一百年的数学创造活动,为"数学领域中的发明心理学"奠定了初步基础.

按照他们的观点,无论是数学还是物理学,其发明或发现的方法都是相似的.所谓发现或发明无非是一种"选择".正如物理学家选择"可发现定律之事实"乃是获得各项发现的关键,数学的创造发明是在数学事物无穷无尽的组合之中选择最有用的组合,抛弃无用的组合.

有一定数学知识储备的人都或多或少有着一种关于"数学秩序"的直觉,即关于数学事物关系和谐性的直觉.这种直觉决定了可导致发明的选择能力.

J. Hadamard 在《数学领域中的发明心理学》一书中详尽论述了数学直觉的心理要素,指出数学直觉的本质就是某种"美感"或"美的意识".其实,这就是对于数学事物间存在着的某种隐蔽的、和谐的、简单的关系与秩序的直觉意识.

由数学直觉导致"最佳选择"的心智活动形式为"顿悟",而顿悟产生之前往往存在一个未被清楚认识的"无意识过程".该过程受"美的意识"的支配,是酝酿选择的契机.所以,无意识活动或大脑的不自觉工作,常能导致顿悟的出现.

但是,如果事先没有自觉的工作和有意识的努力,大脑机器没有经过充分发动,或者没有经历一个或长或短的"脑风暴"阶段,那么也不大可能导致酝酿顿悟的无意识过程. H. Poincaré 曾在《论数学创造》一文中介绍了他发现 Fuchs 函数类的亲身经历,阐明了上述创造规律.事实上,凡从事过数学创造性研究工作的人都或多或少会有上述类似经验.

无意识活动能产生顿悟或灵感的经验,早就为文学艺术家所体验到.例如,中国宋代大文豪欧阳修曾有所谓"三上文章"的经验,即他的一些杰作的构思大多产生于厕上、马上和枕上.

为什么无意识活动过程能产生有用的顿悟(即观念组合的最优选择)呢?虽然现代创造心理学家非常重视 H. Poincaré 的"无意识活动"理论,但迄今未能彻底揭示"顿悟"产生过程的全部心理活动机制.一般认为,在心智活动的无意识境界,人脑所具有的关于事物关系和谐性的美感(审美意识)能力,可免除任何定向思维所带来的条条框框的束缚,因而能够最自由地、从容不迫地帮助大脑做出最优选择,这就导致了顿悟的产生.

可见,H. Poincaré 和 J. Hadamard 关于数学创造思维的学说,相当深入地阐明了自觉工作与不自觉工作、有意识努力与无意识活动之间的辩证关系.

4　数学创造的一般心智过程

H. Poincaré 曾说过,只有靠有意识的工作才可能驱使原来挂在墙上的"观念原子"飞舞起来,并通过它们之间的自由而有选择的结合产生新思想和有用概念.

现代创造心理学认为,脑风暴是一种在脑海中迅猛涌现出种种联想、猜想、想象和逻辑思维(包括直觉推断等)的心智活动形态,这类思维活动形态又称为发散思维.有成效的脑风暴,必须联系着一个明确的目标,如要求解决某个数学问题或希望获得某种数学发现等.一般说来,脑风暴的目的性越强,发散思维的联系中心就越明确,就越有利于问题的迅速解决.

通常,在脑风暴的初始阶段,往往只能产生一些平凡的思想、观念及其组合,无助于解决问题.因此,有必要使脑风暴持续下去,比方说持续一两个小时,在最后半小时内,便可能出现寥寥无几的或极为罕见的思想或观念.这是一种不同于顿悟的"渐悟".

无论渐悟或顿悟,通常只是帮助研究工作者获得合理设想或正确预见的思路.要实现设想和证实预见,往往还须进行有意识的甚至十分艰巨的工作.

以上所述乃是一般科学创造的心智过程.就数学领域的创造活动而言,发散思维有其特定的内容.例如,数学上的种种形象思维、几何空间结构的直观想象、几何与分析之间的类比联想、从有限到无限的形式模拟、代数结构之间的关系猜测、数学探索中的合情推理(又称似真推理)等,均在此范畴之列.

不过,要确立一个数学成果或真正解决一个数学问题,还必须进行认真的论证或验证工作,这就需要一丝不苟的逻辑分析思维,即心理学上所说的收敛思维.

今天,电子计算机已成为数学研究的重要助手,它改变了数学创造性研究活动仅依靠人脑进行非逻辑思维与逻辑思维的传统方式.事实上,借助于现代计算机的"科学计算"手段,可大规模地、系统地进行数值实验,用于发现规律,检验思路,显示合理的方案和猜想,这大大扩展了人脑所能执行的发散思维的领域. 此外,科学计算还可完成人力所不能及的最终的论证工作,如"四色定理"的证明.

可以认为,数学上的创造或发明往往开始于不严格的发散思维,继之以严格的逻辑分析思维即收敛思维. 而以计算机为工具的现代科学计算,则能够帮助数学工作者大大扩展数学创造中所需要的发散思维与收敛思维这两方面的能力.

实际上,数学创造的心智活动过程是异常复杂的. 限于篇幅,本文不能通过剖析实例来加以详细说明了.

5 关于数学抽象的几个基本法则

既然数学的研究对象主要是"量化模式",而模式又是抽象物,所以数学研究往往离不开抽象思维. 这里不准备从心理学角度来考察数学抽象思维的活动规律,而是从数学模式本身的客观要求来讨论数学抽象过程的普遍法则.

在《数学抽象度概念与抽象度分析法》一文中,作者与张鸿庆曾把"弱抽象"的两种基本过程表述为两条抽象思维的基本法则,并讨论了一系列例子. 后来,我们又考察了现代分析数学、几何学、拓扑学和抽象代数学的一些分支,以及数学基础问题的某些研究领域,觉察到近现代数学家们除了到处运用弱抽象与强抽象的思维法则之外,还在不同的具体场合巧妙地利用了其他三条抽象思维法则. 这样,至少可以列举出五条关于数学抽象过程的具有普遍意义的基本法则:

第一,特征分离概括化法则;

第二,关系定性特征化法则;

第三,新元添加完备化法则;

第四,结构关联对偶化法则;

第五,公理更新和谐化法则.

需要特别指出的是,上述这些法则或原则并不是任何个人的发明或创造,而是思维反映数学模式客体所必须遵循的客观规律.

第一法则简称为"特征概括原则",是数学工作者引进一般性概念、拓广已有数学模式时常用的抽象法则. 例如,使用此原则引进抽象的"度量空间"概念时,要先将 Euclid 空间中的度量特征(非负性、对称性、三角不等式等)抽取出来,用形式化的数学语言表述为公理,再把符合度量公理的全体元素(集合)规定为一个普遍范畴,称为度量空间.这需用到经典集合论中的"概括原则".事实上,抽象代数、泛函分析与拓扑学中的许多数学结构以及各种抽象系统、抽象空间和某些普遍关系属性等概念,都是运用特征概括原则得出来的.

第二法则是关于强化结构的法则.它的运用包括两个步骤:首先,在一个系统的对象(元素)之间引进某种新的关系(如某种映射、对应关系或运算法则等),从而在新形成的关系结构中,把某种新出现的性质作为特征予以规定;然后,利用概括原则把它规定为一个普遍范畴或某种普遍属性.当然,还可把具备此种属性的元素全体定义为一个类.例如,代数系统的同态与同构、拓扑的同胚、置换群的正规子群与商群、Cantor 的超穷基数与序数及其运算法则、数理逻辑中的 Gödel 序数以及函数的可微性与可积性等属性概念,都是上述"关系定性特征化法则"的具体应用.

为什么第二法则可称为强化结构的法则呢? 举例来说,函数的连续性是函数的一种结构属性,如果对连续函数引进差商的极限运算,则能在极限存在的情况下进一步获得"可微性",由此便可引出"可微性"的一般概念,而可微性当然是比连续性更强的一种结构属性.

相比之下,后三个基本法则就显得较为特殊一些,但它们的应用范围仍然很广.

由于数学的结构系统往往和运算相联系,因而必然会产生运算能否在原结构系统畅行无阻的问题.例如,在有理数系统引进极限运算后,马上就会出现极限是否总存在的问题,于是必须把无理数作为新元素补充到原结构中去,才能使之成为具有完备性的实数系统.把这种思想方法提升成为一般法则,就称之为"新元添加完备化法则",即第三法则.在实变函数理论中,像 Lebesgue 可积函数与平方可积函数概念的引入,使得 L_1 与 L_2 均成为完备空间,也是第三法则的应用实例.事实上,在现代泛函分析、拓扑学、广义函数论、非标准分析及偏微分方程理论等领域,到处都会发现第三法则的妙用.

一般说来,用好第三法则的关键是恰当地规定"新元素"的概念.新元素往往要依靠原结构系统中元素集合的某种"等价类"来获得恰当的定义,而其中集合类的"等价条件"要由相应的运算来规定.例如,在非标准分析中,度量空间(X,d)中添加新元"单子",使其非标准包$(\check{X},\check{d})$成为完备度量空间,等价关系$\simeq$如下:对于$x,y\in {}^*X,x\simeq y$是指$d(x,y)$为无穷小,即等价条件是由度量

$$d(x,y)\simeq 0$$

来规定的.结合现代数学中的其他具体例子,不难理解这里所给出的一般性提示.

第四法则即结构关联对偶化法则,也是数学研究中常用的.其最简单的例子莫过于 Euclid 几何学中的"对偶原理".在平面几何中,人们发现,由点、线等关系结构形成的几何命题或定理,若将点、线互换,并把诸种几何关系换成相应的对偶关系,所得到的新命题或新定理仍然成立.这样,几何中的每条定理及其对偶定理只需证明其一就够了.再如,在泛函分析中,为研究一个函数空间的结构往往转而研究其对偶空间或共轭空间;在博弈论中研究对偶策略;在数学规划论中考虑对偶规划;在积分变换与数列变换中研究互逆变换等,都是把一对数学结构按对偶化法则关联起来,以便更好地解决问题.

要发现一个数学结构(或关系模式)的对偶结构,需具有分析性的抽象思维能力和一定的洞察力.通常,类比联想的思考方法会在这里起到助手作用.

第五法则是一个利用更换基本公设或公理以排除数学悖论的重要法则,它也适用于处理物理科学中的悖论问题.举例来说,绝对时空观与"光行距"实验结果的矛盾曾导致物理学产生著名悖论,但 Einstein 提出"在任何体系中光速不变"这条新的基本假设(即狭义相对论的基本公理,认为任何运动系统中的"光行距"是度量时间长短的唯一准则)后,便否定了绝对时空观,从而立即消除了悖论.

数学上有一个古老的 Galileo 悖论,意思是说自然数和一切平方数可一一对应起来,因而可以认为,平方数集合和自然数集合具有同样多的成员,即它们是同样大的集合,但前者又明明是后者的真子集,于是这就和"部分小于整体"的公理发生了矛盾.Cantor 和 Dedekind 解决这个悖论的方法是,把元素间的"一一对应"作为无穷或有穷集合之间彼此"等价"的基本准则(即基本公理),从而可以不承认"部分小

于整体"的特殊公理对无穷集合也适用. 这样, 悖论就被排除了.

在微积分的早期发展史上著名的 Berkeley 悖论, 是针对 Newton 的"流数术"(求微商步骤)提出的质疑. 这个命题又称为"无穷小悖论", 其实质是否定了 Newton 求"终极化"的形式计算的合理性. 消除 Berkeley 悖论的方法, 是用过程模式代替代数模式, 也就是必须要用"极限算法的模式"取代"代数形式演算的模式". 前者用到"变量"的新概念, 后者只用到传统的常量概念, 而承认变量概念便是一条新的公理. 再如, 现代的公理化集合论之所以能排除经典集合论中的熟知悖论, 就是使用新公理替代 Cantor 的"造集原则"的缘故. 而非 Euclid 几何学的创立, 更是精心应用第五法则的著名例子.

量子力学创始人之一 Heisenberg 曾说过, 当物理学中出现悖论时, 就应该将悖论所包含的新思想提炼成公理吸收到原来的理论系统中, 这样, 便可获得扩展了的物理学理论. 事实上, 无论是 Heisenberg "测不准原理"的建立或是 Einstein "狭义相对论"的创立, 都是天才地运用了第五法则的光辉范例.

运用第五法则创建新理论的关键, 是要发现不平凡的新公理. 但要做到这一点, 就必须面对"悖论"的挑战. 如果害怕悖论或者只是设法回避悖论, 将会一事无成. 所以, 数学和物理学上的伟大创造和发明, 不仅依靠人们的智慧, 而且有赖于人们的气质.

数学研究与左右脑思维的配合[①]

1 数学研究中左右脑配合的作用

大多数有关方法论的文章,都从不同方面讨论了数学与左脑思维的关系以及数学与右脑思维的关系,其中许多地方实际上已涉及左右脑思维的关系及相互配合问题.但那些讨论主要着重于数学思维的不同方面,还缺乏对整个数学思维过程的完整叙述.因此,这里从数学研究的过程分析入手,系统讨论一下左右脑配合在数学发展中的作用.

数学研究是探索性的思维活动,立足于已知的数学知识领域,探求未知领域的数学对象、方法及其规律性.数学研究是从具体数学问题开始的.Hilbert指出:"正如人类的每项事业都追求着确定的目标一样,数学研究也需要有自己的问题.正是通过这些问题的解决,研究者锻炼其钢铁般的意志和力量,发现新方法和新观点,达到更为广阔和自由的境界."[②]

有了确定的数学问题之后,研究人员需要进行必要的准备,包括对有关资料的搜集,对问题的历史和研究现状的了解等.研究人员的心理准备也是值得重视的,只有对研究课题有一种锲而不舍、"打破砂锅问到底"的精神,才有希望取得突破.

进入正式研究阶段之后,首先要做的事情是对问题进行全面、系统的逻辑分析,把问题的核心部分突出地表现出来.这个核心部分可能是一种未知的概念或方法,也可能是已知数学对象之间的一种未知

---

①本文是《数学与思维》(徐利治,王前.湖南教育出版社,1990)的第7章.
②康斯坦西・瑞德.希尔伯特.上海:上海科学技术出版社,1982:93-94.

联系(一条未知的公理或定理、法则).由于核心部分内容不同,要采取的相应思维方法也不相同.可能的思维方法是:第一,进一步加以抽象;第二,进一步符号化或形式化;第三,进一步公理化;第四,按照常规逻辑方法提出某种猜测;第五,根据想象提出某种猜测;第六,根据直觉提出某种猜测.左右脑思维的配合就由此开始,在每一种情况下发挥着不同的作用.

第一种方法适用于因抽象程度不够而造成问题的场合.这时的任务是通过抽象思维发现一种抽象程度更高的新概念、新方法.左脑是抽象思维的主力,但右脑的配合是必不可少的,特别是在强抽象和完全理想化的抽象时,特别需要右脑的综合、想象和创造能力.右脑能不能独自进行抽象思维呢?谢尔盖耶夫曾给予肯定回答.他指出,右脑的抽象思维带有形象性质,同逻辑结构没有联系,不能用语言表达,因而人们对其了解甚少,难以述说.[1]在我们看来,与其说右脑进行抽象思维,不如说右脑参与抽象思维为宜,因为通常对"抽象"的理解范围较窄,没有考虑到强抽象之外还有很多抽象方式.

第二种方法适用于因符号化或形式化程度不够而造成问题的场合.这时的任务是创造合适的数学符号,提高数学问题的形式化程度,为解决问题铺平道路.数学的符号语言显然是由左脑来处理的,但创造或运用一种符号,必须有一定的形象思维和记忆活动,这又与右脑有关.在数学家的头脑中,数学符号并不是孤零零的古怪的东西,而是活生生的数学思想的具体表现,它使人们产生许多联想.从数学符号语言中可以获得对整个数学知识体系的形象化的深入理解.

第三种方法适用于因公理化程度不够而造成问题的场合.这时的任务是提出更为普遍、更为深刻的新的公理,提升数学理论的公理化程度.数学的公理化以左脑思维为主.右脑的作用是帮助左脑综合和整理材料,提出对新的公理的设想,并加以选择和鉴别.特别是一些同感性直观和常识相冲突的新公理的提出,不仅需要缜密的逻辑思维,更需要大胆的想象.非 Euclid 几何学公理体系、非 Archimedes 公理、非交换和非结合的代数等,最初被提出时都包含大胆想象的成分,这

①谢尔盖耶夫.智慧的探索.乔云良,李爱萍,译.北京:三联书店,1987:174-175.

时右脑思维的作用就更突出一些.

第四种方法适用于按照常规逻辑方法(类比、归纳、演绎、分析、综合等)可以推断问题答案的场合.这时的任务是运用逻辑思维获得可能的猜测,其思维活动主要是左脑完成的.但是,由于此种方法包含不可靠类比和不完全归纳的情况,所以出错的可能性还是很大的,同样需要右脑思维帮助选择和鉴别.

第五种方法适用于常规逻辑方法行不通,需要大胆冲破传统观念束缚的场合.想象是此时唯一能够比较自觉地运用的方法,其思维类型转移到右脑这方面来了.数学想象是否可以完全无须左脑的配合呢? 当然不是.想象可以不符合感性直观和常识,但不能不合逻辑.平常被人们以为不合逻辑、荒诞不经的想象,实际上往往是同人们的直观和常识发生了冲突.数学想象的展开是要借助逻辑线索的,比较复杂的想象一般都具有较高的抽象层次.在这些地方,数学想象都需要左脑思维的大力配合.

第六种方法适用于通常可自觉运用的方法都行不通,需要借助灵感或直觉才能有所突破的场合.这时的任务是充分调动下意识活动的功能,通过一番大彻大悟,抓住问题的关键.数学直觉思维本身是左脑思维无法插手的,但直觉思维需要左脑从外部给予刺激,提供必要的心态和信心.获得数学直觉的若干指导性原则的产生,也与左脑思维有一定的联系.数学猜测、想象和直觉能力的高低,与研究人员的知识背景都有密切联系,而以往知识的内容和结构,都与左脑思维相关.这就是说,即使在极典型的右脑思维领域内,左脑思维的配合作用仍然是不可缺少的.

综上所述,无论哪一种思维方法,都需要左右脑的密切配合,这种配合作用总要导致某种较为合理的猜测.然后,需要对这种猜测进行认真的证明、反驳、重构.猜测与反驳的交互作用可能促使提出新的问题,重新开始研究历程,再产生新的猜测;也可能通过评判、检验和确证,导致问题的最终解决.这个阶段是左脑思维大显身手的时期.待到思路已经畅通,答案已经获得之时,需要进行严格的逻辑整理,使整个研究成果以最清晰简洁的形式出现.应该说,数学研究是从左脑思维开始的,又以左脑思维为终结.如果只看数学研究的出发点和结果,那就可能产生一种误解,认为整个数学研究完全是左脑思维在起作用.实际上,只要深入考察数学研究的实际思想过程,那就必然得出这样的结论:数学研究是左右脑思维相互配合发挥作用的过程.

关于数学研究的实际思维过程,H. Poincaré 和 J. Hadamard 都有过专门论述. H. Poincaré 把数学的创造性思维过程划分为"收集—酝酿—发现—证明"四个阶段,J. Hadamard 则将其划分为"准备—酝酿—豁朗—完成"四个阶段.还有其他一些科学家和心理学家提出过类似的模式[1],他们显然都注意到了数学研究中左右脑配合的作用.然而,由于诸种原因,有些数学工作者往往忽视了这种作用,以为数学研究单靠逻辑思维即可贯彻始终,这实际上抑制了自己创造性的思维活动.美国数学家 P. J. Davis 和 R. Hersh 指出,数学研究中起作用的天资在大脑两半球都能找到,并不只限于左半球的语言分析的特征.思想的非语言的、空间的、非解析的方面,在那些最优秀的数学家的实际工作中是相当显著的,尽管他们说的也许不如做的那样多.由此可以得出一个合理推论,那就是特别不重视空间的、视觉的、动觉的、非语言的思想方面的数学文化,并没有充分利用大脑的全部能力.[2]

2 数学研究中左右脑配合的方法

在数学研究中如何使左右脑配合发挥作用呢? 很难说有一套定型的、机械的方法,因为创造性思维活动本身不允许这样处理.但是,针对数学研究工作者中比较普遍存在的一些问题提出若干建议,将是有益处的.

目前看来,数学研究工作者中比较普遍存在的主要问题,是过于强调左脑思维,忽视了对右脑潜力的开发.这个问题在我国数学工作者中表现得更突出一些,其原因部分在于我国传统文化环境的影响.

数学工作者给外行人的印象,常常是性情孤独,脾气古怪,只愿意和抽象的数学符号打交道,对世事人情兴致索然等,这是很大的误解,同那些充满创造活力的优秀数学家的真正形象相去甚远.然而,有些想成为数学家的人,确也如此这般地要求自己,仿佛不清心寡欲就不

①引自:傅世侠.创造.沈阳:辽宁人民出版社,1987;39-40.
②Davis P J,Hersh R. The Mathematical Experience. Birkhauser,1982.

能成才.造成这种现象的原因,一是人们常常就数学成果本身来宣传数学家的形象,仿佛带名字的数学定理,如"L'Hospital 法则""Galois群""Hilbert 空间"等,就是这些数学家的化身;二是数学理论比较抽象、深奥,一般人很难同数学家自然而又充分地交流思想,在相互了解上有一定障碍;三是有些数学工作者热衷于就数学钻数学,把数学单纯当作一门技术性活动,而不是当作一种文化形态来对待,因而他们只是按常规要求和方法去"做"数学,却不愿考虑数学与现实生活其他方面的有机联系.我国的传统文化往往从实用角度理解数学的价值,这就使"做"数学的倾向变得更为突出.另外,现代数学发源于西方注重分析、理性和审美意识的文化环境中,因而与东方的注重综合、经验、直观、领悟的文化氛围有一定距离.东方艺术(音乐、绘画、雕塑等)与数学的关系,不如西方艺术与数学的关系密切,这也使得一些数学工作者为了追求数学而舍弃对其他文化形态的兴趣.因此,不少数学工作者力求不停地,甚至加倍地使用左脑思维,但成效甚少.他们希望获得 Gauss、H. Poincaré、Hilbert 那样举世瞩目的成就,为此不停地奋斗,却没有意识到思维结构和方法上的差距.

要改变这种状况,有必要从以下几个方面着手:

第一,努力改变数学研究工作者的知识结构和文化素质,使数学工作者不仅精通数学本身的逻辑思维,也对那些非逻辑思维特征较强的文化知识和活动逐渐有所了解,产生兴趣,从中培养和训练自己的猜测、想象和直觉思维能力.数学工作者要利用一些时间阅读文艺作品,欣赏音乐和绘画,作诗,郊游,从事某些脑手并用的体育活动,使自己的想象力和创造力在这些活动中自由地展开,用以发展右脑思维,逐步达到与左脑思维平衡发展之目的.在数学史上,最优秀的数学家可以说都是思想家,而不是只会"做"数学的能工巧匠.这些人学识渊博,兴趣广泛,见解深刻,能力超群.Descartes、Leibniz、H. Poincaré、Russell 既是一流的数学家,又是一流的哲学家.Hilbert、Einstein、von Neumann 等人在数学、物理和音乐方面都达到了精湛的水平.da Vinci 既是数学家,又能创造出《蒙娜丽莎》这样的传世之作.无数例子表明,数学工作者的知识和才能必须全面地发展,才能使左右脑思维的配合达到较高的水平,获得创造性的数学发现.

第二，要努力学习数学思想史，了解前人从事数学研究的实际思想过程，在深入体会左右脑配合作用的同时，仔细琢磨前人开发和运用右脑思维的经验教训，用于指导自己思维能力的提高。由于数学研究历来比较重视理论成果的积累和传授，而理论成果经过严格的逻辑整理之后，已抹掉了右脑思维的作用痕迹，所以关于数学发现实际思想过程的历史记载是很不完全的。Gauss 曾经说过，当一座精美的建筑物落成之时，不应该再看到脚手架。Jacobi 认为 Gauss 的数学证明是"僵硬的和冻结的……以至于人们必须首先融化它们"。Abel 说："他像一只狐狸，总是用尾巴扫平沙地上的踪迹。"就整理和"浓缩"数学知识的目的而言，Gauss 的观点是对的。然而，后代的数学家不仅需要理论成果的传授，更需要"脚手架"等在探索未知世界时用得着的东西。正是这些东西才能够开发数学家右脑思维的潜力，激励创造性，推动数学的进一步发展。记载数学研究实际思想过程的史料并不多，除了一些数学思想史专著之外，更主要的资料来源是数学名家的全集、选集和传记材料。一些数学家讨论数学思想方法的演讲、谈话记录、杂文和别人的回忆录等材料，都有可能包含或反映出数学家工作时的真实思想状况。其中肯定会有许多涉及数学猜测、想象和直觉以及数学思想中左右脑配合的内容，值得我们注意。这些材料比较零散，还需要专门加以分析整理。从数学左右脑思维配合的角度出发，应该重点选择哪些数学家的哪些有关论述和思想记录，使之更具启发性，更有益于右脑思维潜力的开发，这是今后数学思想史研究的一个重要课题。

第三，要自觉学习和掌握数学方法论，了解数学思维规律，有意识地训练自己的思维能力。数学方法论是主要研究和讨论数学发展规律、数学思想方法以及数学中的发现、发明与创新等法则的一门学问。数学与思维的关系可以看作数学方法论的一个组成部分。数学方法论还有其他方面的内容，如对数学模型化方法的探讨、关系映射反演原则的应用、数学各主要分支的思想方法、数学基础研究的方法论、数学推理模式、数学研究的非常规方法等。通过探讨这些问题，可以使我们自觉地按科学规律训练右脑，更好地从事创造性思维活动。数学工作者还应该经常注意来自心理学、思维科学、脑科学等领域的新的研究成果，看能否运用这些新成果指导自己右脑潜力的开发。数学与思维的关系,以至整个数学方法论,是每个数学工作者都应该关心和共同研究的课题.中国有句老话,叫"磨刀不误砍柴工".数学方法论是数学工作者手中的"刀",这把刀磨得锋利了,才会得心应手,砍出更多、更好的"柴".

第四,要注意学习现代科学哲学,特别要注意反映论观点和辩证思维方法.前面说过,左脑思维的特征是逻辑思维,而我们通常所说的逻辑思维指的是形式逻辑思维.我们说右脑思维具有非逻辑特征,也是说它具有不同于形式逻辑思维的特征.从更广泛的意义上说,"逻辑"中还包含辩证逻辑的内容,它指的恰恰是人们思维过程自身的规律.右脑思维的非逻辑特征实际上就是辩证逻辑的特征.右脑思维方法说到底也就是辩证思维方法,这种思维方法是需要从哲学高度认真理解和掌握的,它会为数学思想史和数学方法论研究提供一个深刻的思想基础.当然,学习辩证思维方法不一定局限于有关的科学哲学原著,还应注意研究一些数学名家的哲学思想,了解他们对辩证思维的理解和论述.Hilbert、H. Poincaré、H. Weyl 等人对辩证思维都有相当深刻的理解和精辟的论述,值得认真体会,思考.

第五,要加强实践环节,勇于实践,在数学研究实际过程中不断训练左右脑配合的能力.左脑思维和右脑思维能否配合得好,不仅是一个理论问题,更重要的,还是一个实践问题,或者说技巧问题.恰如人的左手和右手的配合动作,一般人都知道应该配合,怎样配合,但高难度的动作只有经过特殊训练的人,比如杂技演员,才能干净利落地做出来.为什么呢? 因为熟能生巧.要想娴熟,必须苦练.左右脑能否配合得好,必须在反复锻炼中才能知晓.至于什么时候以左脑思维为主,什么时候以右脑思维为主,两种不同类型的思维在不同阶段各占多大比例,这些事情都没有确定的标准,因人而异,因事而异,全靠自己在实践中掌握.

以上我们只是提出了一些原则性建议,并没有谈数学研究中左右脑配合的更为具体的方法.我们认为,要开发右脑思维的潜力,提高左右脑配合的能力和水平,必须经过实实在在的艰苦努力,改变自己的知识结构和文化素质,学习和掌握数学思想方法,使自己的头脑通过潜移默化的过程发生变革,形成新的思维模式和习惯.这是对头脑的训练,不是对手和脚的训练,因而不可能有过于具体的技术性的方法.

当然,贯彻上述原则还有许多细致问题需要进一步探讨,这是今后有待着力研究的.

数学研究的艺术①

剑桥大学 W. Beveridge 教授的《科学研究的艺术》一书深入讨论了创造性科学研究的实践与思维技巧等有关问题,并列举了大量有趣的例子用以说明某些带有一般性的方法原则.虽然作者本人不是数学家,而且书中所谈论的多半是实验科学方面的内容,但其所揭示的一些方法论原则对数学工作者也是适用的.我们认为,青年数学工作者除了应该阅读 J. Hadamard 的名著《数学领域中的发明心理学》以及 G. Pólya 的几本著作之外,再选读上述 W. Beveridge 的书中的一些章节,则对从事创造性科研活动将极有帮助.下面我们结合数学科学的特点,专门谈谈有关数学研究的方法艺术问题.

1 关于知识准备的问题

要从事跟上时代的创造性数学研究工作,如果缺乏必要的知识准备,将会寸步难行.生活在 19 世纪初叶的数学爱好者只要掌握初等微积分和解析几何即可进行创造性数学思维,而在 21 世纪,如果没有认真学习过一般现代理工科大学所普遍开设的各门高等数学课程和一些反映当代科研成果的选修课程,则确实无法进行科研活动.大学理工科毕业生和从事数学科研的研究生多半都知道上述情况,所以这里就没有必要去开列一些具体课程的名单了.然而,仍要特别指出:有两门必要的知识却往往被忽视,这两门知识就是"数学发展史"和"数学(科学)方法论"[或者更一般地,"数学(科学)哲学"].我们认为,这两门知识必须列入知识准备项目中.因为人们早就知道,"数学史不仅能

①原载:《数学方法论教程》,江苏教育出版社,1992.收入本书时做了校订.

告诉人们已经有了什么,还能教给我们去增添什么"."数学史的学习还能使学生不去为那些久已解决的数学问题而浪费时间和消耗精力,不在攻克数学问题时重蹈数学前辈由于使用错误方法而导致失败的覆辙.数学史的学习还能告诫我们,一个阵地往往不是用直攻的办法所能夺取的.当正面攻击难以制胜时,就要先行侦察并逐个占领主攻阵地周围的据点,而后寻找隐蔽小路去攻占那个难以攻克的阵地".[①]《吕氏春秋·慎大览·察今》说:"察今则可以知古."其实,就数学而言,反其义亦为真.也就是说,知古亦可察今,以古察今,以所见知所不见.H. Poincaré 说:"要想预见数学的将来,适当的途径是研究这门科学的历史和现状."

数学(科学)方法论或数学(科学)哲学向人们揭示了科学知识体系成长发展的一般规律,对从事创造性活动的数学研究工作者和数学教师都有重要的启示和教益.事实上,数学作为人类文化知识的组成部分,也有其发展的客观规律.历史上凡对数学做出这样或那样贡献的人们,也都在不同程度上认识并顺应了这些客观规律.每个时代最杰出的数学家的贡献和成就往往都可以理解为客观发展规律的实际体现.

对于青年数学工作者来说,在宽广的数学研究领域中培养较宽广的数学兴趣并打好一定广度的知识基础是十分必要的.事实上,具备了宽广的知识结构,也就准备了一个富于联想的头脑,这正是每一位有出息的数学工作者或数学家必备的.因此,我们不赞成青年数学工作者过早地把自己的兴趣局限于一个专而窄的数学分支,长期不能解脱(如果这样,就不可能有较大的贡献).

美国和加拿大培养数学硕士研究生和博士研究生,都要求事先通过若干门课程的严格考试,而并非在开始阶段就专注于学位论文的写作.这是因为他们都已认识到"先广后专"对培养科研人才的"后劲"和"转向适应能力"更为有利.我国在培养数学专业研究生过程中,也已认识到"先广后专"原则的重要性.

青年数学工作者或数学科学研究生,如能及早养成经常阅读(或

①Cajori F. A History of Mathematics. The MacMillan Company,1909.

浏览)《数学评论》和《数学文摘》一类刊物的良好习惯,则对其培养广泛兴趣、不断扩大视野、随时了解科研信息都是极有帮助的.此外,直接选读数学名家的"名著",比阅读一般作者的数学著作获益更多、更快.所谓"听君一席言,胜读十年书".亦如荀况所说:"吾尝终日而思矣,不如须臾之所学也."(《荀子·劝学》)这是一种只有在精读名家著作时才能体会到的欢娱.当然,"名家"都是从无名作家成长而来的,但他们大多具有独创之见和特有的宝贵经验及智慧,而凝练在"名著"中的智慧结晶,往往带有睿智的闪光,正是这些闪光最能照亮年轻人的心灵,使他们的潜在智慧被激发出来,导向创新之路.19 世纪的杰出数学家 Abel 贡献很大,成才极早.据他自己所说,他正是从阅读名家著作中得到了最大帮助.显然,这是一个值得重视的历史经验.

2 关于研究题目的选择问题

搞数学研究之始,如果题目选得好,就能做出点成果来,从而使我们在科研的大道上顺利迈出第一步.这样,就能鼓舞我们的信心,培养我们的兴趣,也有利于锻炼我们的能力,使我们获得科研工作的初步经验.所以,选题是非常重要的关键步骤.

怎样选择科研题目呢? 如有导师指点,选题自然比较容易.但一般的经验是:最能引起我们的兴趣,也最能激发我们的智慧去做出成绩的是我们自己找到的题目.当然,企事业部门或科技研究机构所提出的各种科研课题,也是题目的重要来源.下面专门来谈谈一般理论研究中的选题问题.

对于初搞科学研究的人来说,选题的一条重要原则应该是"由易到难".比方说,学骑自行车,最好先在平地上学,学会了,再到高低不平的洼地上学,这样才能事半功倍.否则,要是先到坑坑洼洼容易摔跤的地方去学,那非但长时间学不会,还可能连人带车都摔坏.

初搞研究,和初学骑自行车相似,也必须从易入手.开始时不妨选择较易、较小的题目.但一定要切实做出成果来,这才有助于培养我们的能力,增强我们的信心.然后,再在业已取得的成果的基础上继续前进,不断发展,逐步把科研领域加以扩大和深化,以便取得更大的成绩.

记得 1956 年苏联科学院副院长 Лаврентвев 院士访问北京时讲过一个故事:数十年前他有一位大学同班同学,数学成绩突出,是班里拔尖的,当时沉醉于复变函数论,一心想去证明著名的"Riemann 假设",可是奋斗了数十年,毫无收获,最后很悲伤地去世了.

通常,科研领域中的大难题,其能否解决往往具有"时代性". 如果时代条件不成熟,即在新的数学方法工具尚未创造出来之前,硬是去拼,则往往会徒劳无功. 例如,古希腊历史上遗留下来的三大几何作图难题(即三个尺规作图难题——三等分角问题、倍立方问题、圆化方问题),如果没有解析几何的发明和代数学理论的发展以及对圆周率 π 超越性的认识,是根本无法解答的.

所以,搞科研、选题目,一定要有历史眼光,要有正确的判断力. 如果方向判断错误,就会徒劳无功,一事无成. 在现代一些杂志、文献中常常出现有关各类专题研究的综述性文章,这些文章通常是由学有专长的专家撰写的,而且所涉及的参考文献资料较多,这对于数学工作者辨明方向、选择恰当的研究课题无疑是很有参考价值的.

一般综述性论文中,还常常会叙述一些未解决的公开问题. 青年数学工作者从自己的知识结构状况出发,如果对特定的公开问题确实很感兴趣,而且有勇气去碰一碰,决心试一试自己的才能和手腕,那也是值得鼓励的! 但事先一定要了解问题的来龙去脉,要弄清楚人们已经对该问题做过哪些努力和尝试,以免重蹈覆辙和多走弯路.

至于如何去解决数学难题,那是需要讲究策略的. 前面提到的 F.Cajori 的一段话是特别值得重视的. 下面我们谈论数学直觉时还将回到这一论题.

3 关于发挥直觉作用的问题

数学的创造性活动离不开直觉思维与逻辑思维. 关于这一点,H. Poincaré和 J. Hadamard 都有明确的论述. H. Poincaré认为:"逻辑可以告诉我们走这条路或那条路保证不遇到任何障碍,但是它不能告诉我们哪一条路能引导我们到达目的地. 因此,必须从远处瞭望目标……瞭望的本领是直觉,没有直觉,数学家就会像这样的一个作家:他只是按语法写诗,但是却毫无思想."J. Hadamard 亦曾指出:许多数学上的创造性成果可以看作通过数学直觉俘获来的"战利品",而逻辑好比是"关卡",在这里起到了验收战利品的作用.

事实上,从事数学创造性研究如同人在迷雾中摸索前进,需要用眼睛辨识方向,需要靠双腿迈向目的地.直觉就好比眼睛,起到向导领路作用.逻辑就是双腿,没有逻辑就不可能一步一步地到达目的地.所以,直觉和逻辑思维在研究活动中必须相互配合,正好比眼睛和双腿要相互协作才能行路.

数学直觉至少可以划分为辨识直觉、关联直觉和审美直觉三种类型.所谓数学创造性研究的艺术,其实主要表现在如何调动和发挥这些直觉作用的方法、技巧上.我们首先要了解这些直觉的作用或功效.

一般说来,辨识直觉所解决的是一个新想法(或新猜测)是否有价值,是否值得去发展(或验证)的问题.关联直觉解决的是不同知识领域之间,包括已知知识领域和未知领域之间内在联系的问题.审美直觉解决的则是新想法(或新猜想)是否符合数学美(本质上的简单性、内容上的统一性以及奇异性、对称性等)的要求的问题.

H. Poincaré 曾谈论过关联直觉的思想特征,他关于"观念原子"组合的描述即属于关联直觉的类型.关联直觉有助于在原来认为不相同或无关的事物对象(如数学概念、数学结构或数学理论)之间觉察到某种同一性.这样就为类比型的猜测和推理提供了根据.关联直觉包括序的直觉、相似性直觉、相关性直觉、数量关系的直觉、映射关系的直觉、连续性直觉、对称性直觉等内容.在数学史上,解决问题的很多思想方法和途径是通过关联直觉发现的.例如,积分与级数、微分方程与差分方程、线性积分方程与线性代数、无限维函数空间与高维Euclid空间,乃至一般意义上连续与离散之间的类比联想,都是关联直觉的产物.每一位成熟的数学家都会有层出不穷的新想法和做不完的新题目,而这些新想法和新问题也往往是依靠关联直觉和类比联想产生的.

数学上的许多新成果,包括新方法、新理论、新定理等,大都是通过"先猜后证"或是"边猜边证"的工作过程建立起来的.所谓"猜",就是主要通过以关联直觉为基础的类比联想和合情推理等方式所形成的假设或预见;所谓"证",就是按照逻辑演绎方式形成的证明过程.而这种过程所包含的主要环节也可成为被猜测的对象内容.

上面我们强调了关联直觉的重要性.这里还必须指出审美直觉对数学创造发明的重要作用.正如 H. Poincaré 所指出的,数学和物理学上的发现或发明,无非就是一种"选择"而已.正如在物理科学领域中,选择"能发现定律之事实"乃是完成各项发现的关键,数学的发明就是要在数学对象事物(数学概念与数学结构等)的无穷无尽的组合之中,选择出有用的组合,抛弃无用的组合,从而取得有用的新成果(包括数学中的新概念、新方法或新的数学结构等). H. Poincaré 还指出:数学家的选择能力取决于数学直觉,亦即关于数学事物关系和谐性的直觉.那就是后来 J. Hadamard 所阐明的"美的意识"或审美直觉.

事实上,无论是辨识直觉还是关联直觉,都离不开审美直觉,因此,获得种种数学直觉的指导性原则也同时反映着数学美原则的要求.这主要包括如下几点:

简单性原则　数学上重要的基本概念和理论方法,在本质上都是简单的、优美的.高明的数学家总是力图从那些由重复的、琐碎的、枝节的东西所掩盖着的极为复杂的关系结构系统中,梳理出简洁优美的头绪来.这里就需要依靠反映简单性原则的数学直觉,而简单性和单纯才是数学真理的本质.因此,许多创造性的数学研究过程往往就是"揭示简单性的过程".要知道,数学中"简单性"常常反映着数学真理的普遍性和深刻性,所以切不可将它误解为简易性或浅近性.初搞数学研究的人,多读一点数学思想发展史,就会逐步明晰"简单性原则"的真谛.

统一性原则　数学的统一性表现为各种数学结构之间的调和一致,各种数学方法的融会贯通,各个数学分支之间的相互渗透和相互促进等.这种统一性之所以能和数学真实性联系在一起,是由于数学世界本来就是一个有机的整体.因此,数学家们对统一性的追求自然会获得许多巨大成果.青年数学家的头脑里牢记统一性的指导原则,对于诱发有用的关联直觉和辨识直觉将是十分有利的.

对称性原则　这里所说的对称性,泛指各种数学概念之间和理论之间的对称.数学家们早就有这样的经验:如果认识到已有的理论成果有更大的适用范围,那么,只要适当变换研究对象的规定,已有的认识便完全可以系统地、同构地转移到新领域中去.现代数学对纯粹量化关系结构的形式研究,使得这种转移变得极为简洁明了,而数学家们的这种变换动机起源于其审美修养.这一转移所显示的是数学上的对称性,其例子俯拾皆是.比如,几何学中的对偶原理就指明了一种最简单的对称性.一般说来,以对称性为指导原则的直觉思维也有利于诱发富有成效的关联直觉和审美直觉.

奇异性原则 在数学史上,只有不断发现数学对象的奇异性,才能有所突破,深入到既定理论框架所无法接触的未知世界.另一方面,只有不断地将已发现的数学对象之奇异性统一起来,并考察其种种对称现象,数学理论研究才会产生较完整的新的理论体系.这两种过程是相互依存、交互促进的.

注意探索数学中的奇异性曾产生许多重要成果.年轻的数学工作者需要通过工作实践和文化生活去培育审美意识,使自己具有鉴赏奇异对象及奇异美的能力,这样才能够自觉地将具有奇异性的数学对象的理论研究推进到新的领域中去,开辟出"别有洞天"的新天地.

上面概述了关于获得数学直觉的一些指导性原则.这些原则是由数学认识过程的性质所决定的,具有逻辑上的必然性.因此,可以说,数学直觉思维并不是神秘莫测的非理性的东西.

作为获得数学直觉的指导性原则的进一步展开,还可以适当补充一些比较具体的研究策略和方法.它们是由许多数学家根据实际体验总结出来的.如果运用得好,将有助于提升思维效率,更快地获得宝贵的直觉.

第一,不要在疲劳的时候去做需要全神贯注的工作.因为此时精力不足,思维效率很低,直觉在这种状态下是难以出现的.

第二,获得直觉之前不能过于疲劳,但这并不是说,可以不费气力就能等来直觉.事实上,在获得直觉之前,思维必须达到饱和状态,以致形成"脑风暴".

脑风暴是一种在脑海中迅猛闪现出种种现象、联想、猜想、假设等的汹涌波涛,本质上属于直觉思维范畴的心智活动形态.脑风暴进行过程中,特别是在其趋于平息之时,往往是产生美妙直觉的重要时机.但脑风暴并不能立即形成,一般至少需要全神贯注地连续工作一两个小时或数小时才能逐步酝酿成脑风暴.现代的"科学发明心理学"已经在探讨产生有效脑风暴的方法问题.

第三,直觉的产生有时需要来自外界的刺激或启示.因而,参加学术报告会或与人进行思想接触(包括讨论问题,交流思想见解,甚至参加辩论等)都有助于使直觉在无意中突然闪现.

第四,当直觉出现时,必须随时记下.因为新想法常常瞬息即逝,需要及时捕获,记取在心,以便深入研究.最好的办法是养成随身携带纸笔的习惯,随时记下闪现在脑海中的每一个具有独到见解的想法或观念.事实上,许多有成就的数学家都是这样做的.

4 关于直觉的鉴别验证问题

虽然直觉在数学创造性活动中十分重要,而且数学直觉在大多数场合都会得出很有意义、很有价值的结果,但是也不能完全盲目相信直觉.数学史上已有许多例子说明过分信任直觉将导致谬误.比如,18世纪的数学家都相信 Euclid 几何是表述物理空间的"唯一真实的几何学";那时的分析学家还相信连续函数曲线除了可能出现的有限多个折点外总是处处会有切线的(即存在导数);大分析学家 Cauchy 甚至还写下了一条容易被人接受的错误定理:"凡由一串连续函数构成的逐点收敛的级数和(和函数)必是连续函数."……

事实上,数学科学中的直觉导致谬误的例子数不胜数.因此,直觉的价值需要及时鉴别.只有及时发现并放弃无益的直觉(或错觉),才能更准确、更迅速地捕获(或筛选出)有益的直觉.这方面的能力也是需要逐步培养的,包括培养精确的逻辑推理能力和习惯.

鉴别直觉有效性的标准除了逻辑验证与实践检验(包括数学实验)之外,还有一个"美学标准".掌握好这个标准,不仅对于提高数学直觉思维能力很重要,而且还有助于鉴别直觉的真伪与价值.

关于数学直觉的价值与数学美的关系,学术界已有许多讨论.如上所说,一般公认"数学美"中无疑包含着简单性、统一性、对称性、奇异性等内容.但是又不能把数学美单纯地归结为简单、统一、对称和奇异.

一般说来,能够被称为"数学美"的对象和方法,应该具有在复杂的事物(关系结构)中揭示出的极度的简单性;在孤立的事物中概括出的极度的统一性(或和谐性);在无序的事物中发掘出的极度的对称性(或规律性);在平凡的事物中认识到的极度的奇异性.因为数学美也是数学真理的特征,因此,数学直觉的真伪性与价值,往往可通过如上所述的"数学美"的标准来鉴别.

富有创造性的数学家也往往是具有很好的数学审美意识的数学家,因此,他们常常能凭借数学美的意识去选择出一些有价值的数学直觉作为形成数学概念或理论的出发点.从科学发展史中可以看到,重视和强调数学美的人,往往是那些同时有多方面爱好、兴趣和才能的,特别是在哲学和艺术上有很好修养的大数学家.当然,我们不能期望数学工作者和数学教师都成为大数学家,但是,只要从事数学创造性工作,那么培养一定水平的数学审美意识和能力还是必要的.因此,在时间和精力容许的条件下去涉猎一些哲学和艺术(文学、诗歌等)作品,将会是很有帮助的.

5　关于两种思维形态的配合问题

现代脑科学与思维科学研究的新进展,使得人们已经了解到:人的大脑左右半球具有不同的思维功能.左半脑主要担负着逻辑分析和推理的职能,而右半脑主要担负着形象思维和审美的职能.因此,逻辑思维与直觉思维又分别被称为左脑思维和右脑思维,在现代心理学上又分别叫作收敛思维和发散思维.所谓数学创造性研究的艺术,主要是就上述两种思维形态及过程如何协作配合的方法而言的.

由于数学创造往往可划分为取得合理设想和验证合理设想两个基本阶段,前者需要依靠发散思维而后者必须求助于收敛思维,因此,大致说来,数学创造往往开始于不严格的发散思维,而继之以严格的逻辑分析思维,即收敛思维.然而,这主要是就宏观的研究过程而言的.事实上,在一个较复杂的或规模较大的探索性研究过程中,往往需要一连串的猜想、想象和合情推理,并伴以各个步骤的逻辑分析或演绎推理.因此,仔细说来,发散思维过程中有收敛思维,收敛思维过程中有发散思维,两种思维形态实际上是相互联结而又相互渗透地交错在一起的.研究工作者参照数学美的准则要求,有意识地、自觉地将两种思维过程形态按照极自然的方式交错地结合起来,使之一步一步地迈向研究目标,便是我们所说的数学研究的艺术.

在《数学与思维》(徐利治,王前.湖南教育出版社,1990)一书中,作者曾对数学与左脑思维、数学与右脑思维以及数学研究与左右脑思维的配合问题做了较系统而深入的讨论.对此感兴趣的读者不妨一读.

数学文化教养对人生的作用①

我的讲题是"数学文化教养对人生、工作、事业的一般作用".

这里所说的"数学文化教养",其含义是:在数学文化教育熏陶下以及在数学工作实践中所养成的精神气质、思维方式及习惯,内容包括"求真精神""真善美价值观",以及能按"数学思维方式"进行思维的方法与习惯.后者又可称为"数学头脑".

数学教育有二重功能:一是技术教育功能;二是文化教育功能.后者指数学教育对培育人的文化素质方面的作用.

从历史上看,最先认识到数学文化教育功能的,是2000年前古希腊哲学家Plato.他曾在所办学府门口张贴布告:未习几何者不许入门.意思是说:不明白理性思维重要意义的人,是不能成为他的门徒的.这可能有点像今日海内外大学招生时都要求报考者必须学过"中学数学课程"一样,但在入学考试中都只偏重于测试技术性数学知识内容.至于如何测试人的数学文化教养,显然还是个未解决的问题.

数学的文化教育功能,有广义与狭义两个方面.16世纪英国的一些数学教师和中学校长,已经发现有些性格粗暴、喜欢打架争斗的青少年,学过一些数学课程后,性格变得温顺了,粗心大意的坏脾气也改好了.所以当年的一些英国教育家曾认为:"数学教育不仅有制怒作用,而且有把粗心大意习性改造成细心慎重的作用."甚至,有的学者还把数学文化教育功能,说成是"数学能修饰人们的心灵(或灵魂)".我想,一定会有不少文学家与诗人,也会把他们的专业说成有同样

①原载:《教育研究与评论》,2014(1):5-7.

功能.

这里我只想就广义方面来谈论数学文化教养对一般事业型人生的作用与影响.

作为举例,又为了简短起见,我只提到三个历史人物.一是Napoleon,二是Morgan,三是中国的老革命家陈云.

我读过《拿破仑传》.Napoleon青少年时代很喜欢数学,对几何学十分着迷,后来成为军事统帅,打了多次胜仗.特别是在有名的"奥斯特里茨"战役中,以少胜多,打败了奥俄联军,写下18世纪欧洲战争史上引人赞叹的一页.Engels曾在著作中特别赞扬了Napoleon的军事运筹智慧.

事实上,Napoleon的运筹智慧来源于他的"数学头脑",他较精确地估计了双方军队布阵的态势和敌方的进军时间与路线,正确设定了法军的进军计划(实际上符合数学上"关系—映射—反演"原理),使奥俄联军彻底溃败,投降求和.

我对Morgan知之甚少,只从小传中得知,他在青年时代攻读数学专业,显示出很大的兴趣和很高的才能,由于他以慧眼洞察到当年美国的"银行业"大有发展前途,就立志投身于银行事业.他运用卓越的数学头脑,分析估算资金运行规律,并利用符合优化法则的管理方法……终于成为美国银行界"Morgan财团"的首创者与奠基人.

我以很大的兴趣和敬仰的心情看完了30集的《陈云传》,感到很受启发.联系数学的"文化教育功能"主题,我立即联想到陈云在领导全国财经事业上的卓越成就和功勋,是与他具有一个很好的"数学头脑"分不开的(虽然他并未学过高等数学).

陈云出身贫寒,高小毕业后就进入上海商务印书馆当学徒工.小学读书时喜欢珠算与算术,能熟练地在算盘上操作加、减、乘、除等运算.可以想见,如果他晚出生50年,一定是一位善于操作电子计算机的能手.

陈云进入商务印书馆后,曾努力勤奋自学,所以后来能具有很高的文化水平(甚至书法水平也很高).

陈云的"数学头脑"主要表现在对全国国民经济有关的各项数据,能进行宏观的估算与精细的运作及规划等方面.在电视传记中曾显示了几个例子.由于他常用算盘做估算,所以党内老同志称他为"铁算盘".

事实上他所做的多次估算与经济计划都是符合生产与消费的客观规律的.可惜的是,"文化大革命"一开始,他就被下放到江西省去蹲点劳动了.

在必须解决"四人帮"问题之前,他曾采用"统计数学"中的样本估算方法,仔细研究了当年中国共产党"中央委员会"与"候补委员会"名单中不同派别的政治力量的对比状况.经过估算得出的结论是,"通过合法斗争胜算较小".因而当叶剑英元帅访问他商讨对策时,一致同意必须采用"非常手段"——抓捕方法——以解决问题.后来果然一举成功,很快为全国人民除掉了我国现代史上一个大祸害.

以上的三个历史故事说明了两点事实:一是所谓"数学头脑",泛指能遵循数学科学的思想方法与规律处理问题和解决问题的才智;二是"数学头脑"甚至有助于解决军事、经济和政治斗争中的重大问题.这一事实也可以帮助说明,英国培养高级律师的院校,以及美国培养将帅的西点军校,都要把《高等数学》作为学员必修科目的理由了(1993年旅美期间,我曾应邀访问西点军校,做了两次讲座,闻知该校重视数学的情况).20世纪80年代后,我国某些高等院校也为文科大学生开设《高等数学》课程,说明国内已有不少高教界人士开始重视数学文化教养的普遍作用了.

事实上,数学头脑是数学文化教养的一个重要组成部分,并且受到文化教养中精神素质支配.体现数学文化教养的主要精神素质(或品质)有两个.一是求真精神,就是追求真理,坚持真理和去伪存真的精神.认真学习数学以致喜爱数学,就容易养成这种精神,并能在尔后的工作、实践乃至斗争中强固这种可贵的精神品质.二是真、善、美价值观念.它驱使人乐意去发现具有真、善、美特性的客观事物,又会努力去创造具有真、善、美特征的新颖事物,故成为人的创造性动力.这种能引发创造动力的价值观念,也是可以在认真学习数学与应用数学解决问题的过程中逐步形成并强固起来的.(当然在"数学美学"中,真、善、美都有特殊含义.)

这里需要补充说明的一点是,看来这是一种属于心理学范畴的客观现象规律:凡是人们在特殊条件下形成的思想、观念、情感与信念等,往往具有延拓(拓展)与外推的本能,所以,人们在具有特殊的求真精神等要素的数学教育熏陶下,就会获得对待一般事物而言的求真精神等.

阅读科学发展史,就能发现许多做出重要贡献的科学家与科学工作者,都是具有坚定的"求真精神"与"真、善、美价值观"的人.

在现实生活中也常常能见到,凡有着"求真精神"的人,往往都是明辨是非、客观公正、办事认真、为人正直的人,所以他们往往受人尊敬和信赖.这一事实,也能帮助理解一种并非偶然的社会现象,即海内外许多中学校长,为什么大多是高等数学教育培养出来的人才(甚至有不少大学校长,也从事过数学工作).具有数学教养的精神品质,加上数学头脑,这样的人才与工作干部,自然就能为社会人群做出有益的贡献.一个人从小学、中学到大学,要学习许多门数学.就必须接受义务教育的广大学生来说,也要学很多门数学,很显然,数学教育的一个伟大目标,就是要为和谐的现代化社会,培育大量有着不同水准的数学文化教养的职业公民与专业工作者.

最后,我乐意谈一点我从事数学教学与教育的个人经历、经验与体会,供有兴趣者参考.

我进大学前,读过六年师范.前三年读的是江苏省立洛社乡村师范,后三年在抗日战争初期(流亡到大后方)肄业于贵州省铜仁第三中学高师部.我曾教过小学,在昆明西南联大学习时曾在中学兼过课,1945年毕业后就一直在大学任教,所以在我60余年的数学生涯中教过小学、中学和大学,特别对师范教育,始终怀有深厚感情.

我教数学时,总希望学生不必害怕数学.总是努力把教材中最简单、最直观、最易懂的内容首先教会学生,常常努力设法(有时借助于绘图)让学生从客观的"数学现象"中直观地弄明白数学题材内容.我常对他们说:"由观察可发现数学现象中的客观规律.""直观上懂了,才是真正懂了.我自己的经验就是如此."

我看重做题,而题量较少,并且不看重考试.所以学生跟我学数学并不感到压力和负担,而有些学生还很快能对数学产生兴趣.事实上兴趣能帮助获得文化教养.

对数学题材,我一贯坚持"化繁为简,化难为易".面对例题、习题,总是鼓励学生要努力学会"化简"的本事,并且还鼓励他们要按个人兴趣去选读课外读物(例如,数学小丛书或参考书等).

在中学与大学教学中,我特别强调"对应"(包括"关系对应")的概念是数学中最最重要的核心思想(例如,数、量对应,坐标与位置点的对应,函数关系,映射变换关系,曲线轨迹与坐标变量的动态对应,相似形比例对应,反映事物实在关系的数学模型、种种物质运动形态的微分方程模型等).此外,有关随机性现象的"频率估算"也是重要的数学思想方法(包括概率、统计模型的建立以及各种"统计量"的分析处理等).学会灵活运用这些数学思想和方法,就能拥有一个会处理高端科技问题的数学头脑了.

最后需要补充提到的是,对于联系着数学文化教养的"数学审美意识",要重视两点作用:一是它具有引发数学创新思想与形成重要概念的作用(可参阅 J. Hadamard 的《数学领域中的发明心理学》),二是审美意识的恒久保持有助于健康长寿.数学界有不少例子,我个人也很有体会.

我相信,怀有"审美意识"从事与数学有关的任何工作,都是有利于健康长寿的工作.因此,我祝愿数学教师与研究工作者都和我一样,能在数学的工作事业中享有高寿!

数学教育

数学直觉的意义及作用
——论培养数学直觉应是数学教育的重要内容[①]

1 问题的提出

本文结合高等学校数学教育的革新来探讨数学直觉的含义、内容、作用及有关问题.

在现今理工科大学的数学教育与教学过程中,对学生逻辑思维能力的培育和训练,一般都给予足够重视,这种重视当然是必要的.但是,和创造发明能力相联系的数学直觉力的培养,却往往被忽视.这里可能有两个原因:一是由于传统习惯的影响,大多数数学教材内容和教学过程都倾向于关注和强调逻辑推理的严谨性,而无形中忽视或者低估数学直觉在智力开发中的作用;二是由于数学教学法的研究水平未能上升到创造性科学研究的高度,这样就不可能把创造性的认识过程规律自觉地反映到教学中去,自然也就不会意识到数学直觉在掌握和开发数学知识过程中的重要性了.此外,可能还有一个如 G. Pólya 所指出的原因是:"对一些教师来说,数学是一套严格的证明系统……在课堂上讲授时,他们担心由于不严谨、不圆满而有损个人威信"(参见《数学与猜想》,第二卷,176-177).

不妨提出这样的问题:当我们学习数学的理论、方法或定理时,怎样才算真正"弄懂"了呢? 对此问题可能有各种说法,但是多数高明的数学教师和研究工作者会同意这样的回答,即只有做到直观上懂了才算"真懂",这指的是对数学的理论、方法或定理能够洞察其直观背景,

①本文是作者与张鸿庆合作的论文.原载:《高等教育研究》,1984(1).收入本书时做了校订.

并且看清楚它们是如何从具体特例过渡到一般（抽象）形式的. 如此说来，为了达到"真懂"或彻底领悟的境界，就不能只停留在弄清楚演绎论证的步骤里，还必须重视具体特例的分析，注意直观背景素材的综合. 亦即须通过人脑的联想和概括，从背景素材中提出最本质、最一般性的规律，这就是反映论所说的从直观思维到理性认识的"飞跃". 只有经历这种"飞跃"，才能达到真懂的境界. 这样，数学上的理论、方法或定理就好像你自己发现的那样，你能用自己的语言把它们复述出来，当然这些知识也就终生难忘了.

如果数学教师仅仅给学生讲清楚一些数学定理的证明步骤，而不指出定理的直观背景和来龙去脉，就好比让人看到了森林中的许多树木，但却不让他见识整片树林的形貌，这就是所谓"见树不见林". 优秀的数学教师当然都会让学生"既见树，又见林"，但是要做到这一步也不是容易的事. 教师本身要对数学题材有一番生动直观的整体性认识和分析概括，使题材内容成为他脑海中非常直观浅显的东西，才可能诱导学生从直观上真正弄懂所学到的知识.

由上所论，可见生动的数学直观（或直觉）对理解数学是何等重要. 不仅如此，由于数学是一门活生生的不断发展的科学，我们还需要培养学生主动发掘数学知识的精神以及创造性地应用数学工具的能力. 这样，数学直觉力这个因素就更不可忽视了. 因此，结合数学教育问题来看，不能不研究下列两个问题：

(1)数学直觉的确切含义是什么？它具有哪些内容和作用？

(2)在数学教育中应如何促进数学直觉这个因素发挥积极作用？应通过怎样的过程去培养数学直觉能力？

在本文中，我们试图围绕这两个问题做一番分析讨论. 但只是抛砖引玉，希望关心高校数学教育革新的同志们能继续深入地研究这些问题.

2　数学直觉的含义、内容及作用

关于数学直觉的哲学意义的讨论，郑毓信同志的"数学直觉浅析"一文（原载《哲学研究》，1983）值得参考. 这里不妨再按照反映论观点做一简短说明. 事实上，数学直觉并不是什么神秘的东西，作为一种思维运动形式来看,它是人脑对于**数学对象事物(结构及其关系)的某种直接的领悟或洞察**.这是一种不包含普通逻辑推理过程(但可能包含"合情推理"形式)的直接感悟,故属于非形式逻辑的思维活动范畴,而通常把它归属于现代心理学家所谓的"发散思维"范畴.

数学直觉往往**产生于经验、观察、归纳、类比和联想的基础之上**,有时以心理学上的"顿悟"形式出现,实际上也就是认识过程的一种飞跃形式.例如,我们思考一个数学问题或命题时,经过一段曲折道路之后,忽然出于某种联想而豁然开朗,或者想到了一个解决方案,或者猜到了一条证明途径……这些就是以数学直觉为基础所形成的顿悟.有些学者往往把直觉和顿悟等同起来,这样也容易引起误解.因为一般数学直觉未必都是瞬间完成的,通常需要一个酝酿、补充和反映的过程.事实上,渐悟和顿悟都是直觉的表现形式.

总之,数学直觉是一种直接反映数学对象结构关系的心智活动形式,它往往构成思维与对象之间的直接联系,并以直接推断的形式(例如,以洞察、预见或者合理猜想等形式)把握住对象关系的本质.正是上述思维形式促使人们预见通向真理的道路,彻底悟透数学真理并导致创造发明.因此,在数学教育中理应把培养数学直觉力作为一个不容忽视的目标.

粗略说来,直觉具有"了解事物整体"的作用,还具有将细节"组合成和谐性整体"的功能(这两点西方哲学启蒙人 Descartes 明确地解释过).此外,数学直觉还具有审美作用,具有辨别真伪的作用.特别值得重视的是,直觉有时能把一些事物间的隐微关系串联起来,给人们提供解决疑难的线索,或者揭示某些论证命题的路线.所以,数学直觉的面很广,它包含着"审美直觉""关联直觉"和"辨伪直觉"等,而这些直觉又是相互关联的.

法国数学家 J. Hadamard 在其《数学领域中的发明心理学》一书中曾发展了杰出的法国数学家 H. Poincaré 关于数学发明创造的学说.他们的共同见解是,数学创造发明的关键在于选择数学观念间的"最佳组合",而这种最佳选择往往就是依靠"美的直觉"做出的.任何数学工作者在研究过程中都会遇到无数可能的组合,对所有这些组合进行研究是办不到的.事实上,这些组合中的大部分不值得研究,少部分会出成果,而能导致极重大成果的情形更是极少的.历史上有些有益的组合曾多次被许多人遇到过,然而只在适逢其人时才被抓住,这里鉴赏力高低是个重要因素.正如存在文学鉴赏力和艺术鉴赏力一样,也存在数学鉴赏力.只有具有丰富知识和高度鉴赏力的数学工作者,才能根据诸种组合本身的价值而非当时流行的观念做出判断,从中选择出最佳者.数学鉴赏力依赖于对数学美的直觉、对数学美的敏感性,因此数学美的直觉有重要作用.美的形式千变万化,美的标准也是各式各样的,这里我们只列举两条标准.第一条是 Heisenberg 的标准:"美是一个部分与另一部分及整体的固有的和谐."第二条是 Francis Bacon 的标准:"没有一个极美的东西不是在调和中有着某些奇异性!"(这里,奇异含有达到惊愕和诧异程度的例外的意思)概括地说,上述两种标准,一种谓"和谐美",一种谓"奇异美".

对数学而言,和谐美表现为统一性、简单性、对称性、不变性(守恒性)、恰当性等.所谓统一性就是部分与部分、部分与整体之间的协调一致.两千多年来,科学的发展不仅不断地向人们提供对世界规律的新认识,也不断地把种种令人赏心悦目的图景贡献给人类.大自然具有统一性,数学作为描述大自然的语言必然也具有统一性,因此数学的统一性是客观世界统一性的反映.从解析几何、微积分的诞生到近代数学的许多重大成果都体现出数学的统一性.和统一性相关联,简单性也是数学工作者所追求的目标.H. Poincaré 说:"因为简单性和深远性二者都是美的,所以我特别愿意寻求简单和深远的事实."世界不仅是统一的,并且统一于一个简单的规律,而在繁杂之中概括出一种简洁明了的规律,则给人一种美的感觉.例如

$$F=ma, \quad E=mc^2$$

等都是既简单而又意义深远的范例.优秀的诗词讲究用最少的字表达最丰富的内容,而这些公式用字之少,表达的内容之丰富,远非诗词所能比拟的,因此给人以深刻的美的享受.对称性的美是众所周知的.恰当适度也是一种美.数学家总是追求充分必要条件、最佳估计、最佳逼近……不多不少,恰到好处,也是一种美的标志.正如我们说一个雕塑人像不高不矮,不肥不瘦,一切都适中合度,恰到好处.

另外一种重要的美就是奇异美.奇异是一种美,奇异到极度更是

一种美. 例如,处处连续、处处不可微的函数,Peano 曲线等,数学家看到这些高度奇异的结果时的感觉与人们看到极其珍奇的艺术品时所感到的震撼是一样的. 正如 Bacon 所说,任何一个极美的东西都在调和之中包含着某种奇异性. 数学的发展就像精彩的故事一样波澜起伏,扣人心弦,既在情理之中,又在意料之外,是和谐与奇异的统一体. 在数学史上不断出现统一各个部分的新理论,同时也不断出现无法包括在这些理论之中的奇异的对象,这些奇异的对象又反过来促进数学的发展. 在古希腊时期,Pythagoras 学派以有理数为基础解释宇宙,并且自认为已经达到了和谐与统一. 无理数的出现打破了这种和谐,促使人们从依靠直觉、经验而转向依靠证明,导致公理几何学的产生. 在很长一段时期内,Euclid 几何几乎是全部严密的数学的基础、和谐与统一的典范. 但是,非 Euclid 几何的诞生又打破了这种和谐. 再如 Russell 悖论的提出,动摇了集合论的基础. 这些都迫使人们不得不对几何基础以及数学基础进行更深入的研究. 许多奇异对象的出现,一方面打破了旧的统一性,另一方面又为在更高层次上建立新的统一奠定基础. 虚数曾经被认为是奇异的、虚幻的对象,然而正因为有了虚数,才有了代数学基本定理和复变函数论,使代数与分析学分别在更高的层次上达到了和谐与统一. δ 函数是具有高度奇异性的函数,不能包含在古典函数的范畴内,然而,正因为有了 δ 函数,指数函数与多项式的 Fourier 逆变换才得以建立,广义函数论才得以诞生,线性常系数偏微分方程的一般理论才得以建立. 在线性常系数偏微分方程的一般理论建立之后,许多数学家满怀信心地试图在广义函数论的基础上建立线性变系数偏微分方程的一般理论. 就在这个时候,Hans Lewy 构造了一个反例,指出即使在广义函数的范畴内,变系数方程也可能无解,这就为偏微分方程研究开辟了新方向. 数学中这样的例子很多,在某种意义上,数学中的和谐性与奇异性是世界的统一性和多样性在数学中的反映. 客观世界表现为统一性与多样性的统一,而数学则是和谐性与奇异性的统一.

在数学领域里,关联直觉的内容也很丰富. 例如,关于序的直觉、相似性直觉、相关性直觉、映射关系的直觉、连续性直觉、对称性直觉等皆属于这一范畴. 人们从事数学思考时,常常凭借这类直觉产生类比联想,把表面上似乎无关的对象串联起来,纳入统一的更高层次的理论框架中.不少解决问题的方法和途径是通过关联直觉发现的.例如,微分方程与差分方程、积分与级数、线性积分方程与线性代数以及一般的连续与离散之间的类比联想,产生了许多结果.这些都是关联直觉的产物.在关联直觉中,几何直观与物理直观具有头等重要意义.几何直观(甚至图画比喻)在数学思维中能起重要的作用.例如,Maxwell就有把每个数学物理问题在头脑中构成图像的习惯;又如,在泛函分析中,对无穷维空间定义了向量、长度和内积,把许多分析结果变成几何学的命题.借助于这个类比,我们可以凭几何直观去猜测分析学中的新定理,先用初等几何的直观猜出定理,然后用泛函分析的术语去证明,许多数学工作者其实就是这样做的.同样,物理直观在数学思维中也是十分重要的,从微积分和微分方程到近代的孤立子和纤维丛,物理和数学一直有着千丝万缕的联系,物理学一直是数学创造思想的丰富源泉.

"简单性是真的印记""美是真的光辉""真的一定是美的"……我们可以参照这些线索去寻找真理.但是我们必须注意,简单性有不同的层次,而有时只有在更高的层次上才能实现真和美的统一.如果只坚持在同一层次中追求简单和美,则会导致谬误.例如,圆是简单完美的图形.古人曾经设想所有天体按圆周轨道运动,这被实践证明是错误的.后来正是 Newton 以万有引力定律为基础,建立了天体运动的统一理论,才在更高的层次上达到了真和美的统一.又如,在很长的时期内,Euclid 几何几乎是全部严密数学的基础.微积分出现以后,大批分析学的结果不再能包括在初等几何的框架之内.但是,当我们用无穷维空间代替有穷维空间,用拓扑结构代替 Euclid 度量时,这种新的更高层次的"几何"依旧是数学的基石之一.

我们还要指出,虽然直觉对认识真理和发展真理有重要的作用,但是决不能盲目信任直觉的作用,或被"美的鉴赏力"一类的词句迷住眼睛,以致看不见一切主观思维所具有的危险性.须知直觉导致错误的例子数不胜数,任何"数学直觉俘获来的战利品"都需要经过严格的逻辑验证,并且最终经过客观实践的检验,才能成为真理宝库中的财富.因此,我们强调直觉,并不是否定逻辑的作用.事实上,直觉和逻辑是数学创造的双翼,它们相互补充,交互为用,都是数学工作者进行创造的武器.

3 培养数学直觉是数学教育的一项重要内容

直觉并不神秘,人人皆有.数学直觉对数学工作者也大抵如此,只不过强弱不同而已.譬如猜谜语,通常成年人较小孩更容易猜中谜底,这是因为成年人生活知识丰富,经验多,从而联想能力较强的缘故.从小孩到长大成人,猜谜语的能力也随之增长,这说明猜谜语的能力是后天培养而获得的.我们既然能学会猜谜语,也就能学会猜定理,猜证明.我们的知识越多,猜的经验越丰富,猜中的机会也就越多.因此,猜定理、猜证明的能力也是可以通过实践培养的.数学美的鉴赏力和艺术美的鉴赏力一样,有其客观的标准,人们可以通过培养来提高自己的艺术鉴赏力,同样也可以通过培养来提高自己的数学鉴赏力.总之,数学直觉是可以后天培养的.实际上,每个人的数学直觉也是不断增强的.比如,对小学生来说,引入未知数是很抽象的,但对大学生来说,则是非常具体直观的.又如,对大学生来说,群、环、域、张量、Riemann曲面等是非常抽象的概念,而对搞范畴论、拓扑学的数学工作者来说,这些则是相当具体的了.这一方面说明抽象有不同的等级之分,另一方面也说明人的数学直觉力水平是可以通过学习不断提高的.

培养数学直觉不仅是可能的,也是十分必要的.大学教育的目标之一就是激起学习者对数学科学的喜爱,并帮助其获得一定的审美能力."善教者使人继其志",如果教师能使学生热爱数学,那么即使他现在学得不好,将来也一定会学好,这是因为只有"热爱"才是最好的老师.反之,如果教师在教学过程中使学生感到数学是枯燥无味或艰涩难懂的,甚至开始讨厌数学,那么这样的教学自然是失败的.正如没有音乐鉴赏力的人听不懂贝多芬的交响乐一样,没有数学鉴赏力的人既不能理解数学内在的美,也不能理解生活环境里处处存在的数学的旋律,不能理解从物质微粒的每一震颤到巨大天体的庄严运行都服从数学的定律,从而也就不能发自内心地热爱数学.因此,教师应该通过举例分析教会学生鉴赏数学,懂得数学美表现在哪些地方,如何从数学美的观点分析、评析各类数学定理和它们的证明方法(如特征值理论美在什么地方？有什么用处？"特征"两字应该如何理解？代数学基本定理美在什么地方？"基本"两字如何理解？如何分析评论代数学基本定理的各种证法等？). 为了使学生热爱数学,还要选用各种典型例子使学生认识到生活中处处有数学的美,数学是大自然的语言、辩证法的辅助工具和表现形式. 比如,我们听课或听报告,有时收获大,有时收获小,但我们习以为常,没有深入思索,从来没有想到把收获大小用测量表示出来. 一个人总说废话,我们也没有想到把"废"的程度用测量表示出来,没有想到这里面有什么数学理论. Shannon 则不然,他从这里面提炼出信息量、多余度、通道容量、抗干扰能力等重要概念,指出信息概念相当于热力学熵的负值,即"负熵". 接着,他从这些基本概念出发,逢山开路,遇水搭桥,克服前进路上的重重困难,用演绎方法建立起信息论的理论体系,指出提高抗干扰能力和通信效率的途径,为通讯理论、控制论、生理学、生物学甚至社会科学开辟了新的研究道路. 此外,对高年级学生或研究生而言,通过参加讲座或课外阅读,哪怕只是大致了解一下 H. Weyl 在理论物理,von Neumann 在量子力学、博弈论、数理经济、电子计算机、人工智能,Wiener 在控制论,Turing 在计算机理论、生物化学与形态发生学,Thom 在突变理论等方面的工作,也有助于他们理解数学应用之广阔、影响之深远、数学家的联想力之丰富,从而提高其数学鉴赏力,增强其对数学科学的热爱.

　　数学教育的另一个重要目标就是培养学生的创造能力. 特别是在教学过程中要引导学生大胆猜想,要鼓励学生学习猜定理,猜证法. 猜错了也不要泼冷水,而要鼓励他们去寻找猜错的原因. G. Pólya 的名著《数学与猜想》的基本题材是很初等的,但所述"合情推理原则"具有一般性,很值得参考. 著名数学家 Hilbert 说:"了解一种理论的最好方法是找出从而研究那种理论的原型的具体例子." Atiyah 也说:"乐愿向学数学者提出最有用的建议,就是对响当当的大定理问问有无特殊情形,既简单而又不无聊." 这些经验之谈不仅指出掌握定理的方法,同时又指出学习猜定理的方法. 因为那些响当当的大定理往往是数学家根据一些简单具体的原型猜出来的. 猜定理的办法很多,可以利用几何直观去猜,如用有限维空间的结果猜测泛函分析的结果;用离散情形的结果猜测连续情形的结果(如用级数的结果猜测积分的结果);也可以反过来,用连续的结果去猜测离散的结果(如用微分方程的结果猜差分方程的结果)……H. Poincaré 说:"物理学不仅向我们提出问题,而且还能使我们预料到它的解答."一个有实际经验的人常常能猜到某些问题解的上、下界,甚至可以猜出极值点的位置.猜的途径是各种各样的,甚至可以依据哲学、美学方面的准则.须知一个理论在美学上的缺陷,常常也是它在科学上的缺陷.一个人学识越渊博,联想力越丰富,猜的途径就越多.前面提到的 H. Poincaré、Hilbert、H. Weyl、von Neumann、Shannon、Wiener、Turing、Thom 等人的工作都是有说服力的例子.我们所提到的兴趣广泛、富有直觉力的数学家,都无一例外地具有为实际应用目的去开发数学新领域的精神素质.显然,这种精神素质也应该是我们培养人才时所不可忽视的重要方面,因为只有具备这种精神素质的人,才能真正做到面向世界,面向未来.

综上所论,我们提出了数学直觉力的培养应成为数学教育重要内容之一的论点.根据这种论点,必然要提出现今高校数学教材必须进行革新的问题.我们赞成这样的观点:大学数学课程的各门教材应该弄得少一些、活一些.教材应该反映时代的进步面貌,所以"力求新颖"是必要的.此外,"少而精"原则也是大家一贯提倡的.看来只有"活一些"这一条大有讨论的必要.怎样搞得活一些呢? 按照本文的观点,就是要设法把培养"数学直觉力"的因素考虑进去.比方说,在数学教材或教学参考书中讲讲"数学美"的评判标准,增加一些讲授"数学猜想"艺术和有关"数学发现"技巧的题材.这些题材如能处理恰当,则对进行启发式教学和培养学生的创造能力应该十分有益.此外,我们还认为辩证唯物主义认识论(或反映论)的学习,包括数学发展史与数学方法论的学习,对于培养有创造能力的人才来说也是必不可少的.

数学方法论与数学教学改革^①

　　自 1981 年以来,作者曾在大连、长春、武汉的三所高等院校讲授数学方法论课程,并曾多次在其他城市做方法论的讲演.1983 年,还出版了拙著《数学方法论选讲》,不少数学教师和哲学工作者对有关内容很感兴趣,有些读者还在来信中提到方法论对培养师资和改革教学方法的重要性.这是作者撰写本文的动机.本文将从数学方法论角度探讨数学教学改革的有关问题,但提出的观点和建议未必正确合用,仅供有兴趣的读者参考.

　　一般认为,作为科学方法论重要分支的数学方法论,是主要研究数学的发展规律、数学的思想方法以及数学的发现、发明与创新等法则的一门学问.显然,它与数学教育与教学法研究有着不可分割的联系,所以能引起数学教师们的普遍关注,也是理所当然的事.

　　多少年来,无论是中学数学教材还是大学数学各门课程的教材,都毫无例外地力求把数学知识组织成演绎结构系统来进行教学.这有其历史的必然性,因为随着人类文化的发展,数学科学知识的庞大积累必须经过筛选和提炼,把最重要、最精粹的题材,用演绎法串联起来,才能最有效地传授给后代.人类的知识发展过程总带有历史阶段性和逻辑演绎性,所以数学教材的编选常常要反映历史发展的顺序和演绎推理的要求,这应该是众所公认的准则.

　　但是,要培养具有数学想象力和创造力的青年一代,要使他们不仅能够灵活地运用数学工具,而且日后还可能在科技上有所创新和发

---

①原载:《中学数学》,1984(5).收入本书时做了校订.

明,那么在教材教法中只注重传授演绎性数学知识,过分强调逻辑演绎推理的训练,是不利于达到这些目标的.

从方法论角度来看,数学真理知识的发现、发掘和推陈出新,离不开对特殊实例的观察、分析、归纳、抽象概括和探索性推理等.所以,重要的是要教会学生运用科学归纳法,能从特殊例子中发现一般性的东西(例如,从一批特殊结构关系中观察出某种一般性结构或一般数量关系等).大家知道,18—19世纪的杰出数学家Euler和Gauss等都是运用归纳法的大师,他们所获得的许多公式和定理都是靠归纳法发现的.

归纳法和类比法常常被认为是发现数学真理的重要方法,前者是从特殊过渡到一般的思想方法,而后者是由彼及此的联想方法.浏览中外数学史即可发现,许多有深远意义的数学知识都是通过归纳法与类比法发掘出来的.这方面的例子真是举不胜举,因此在中学和大专学校的数学教材中,理应有归纳法与类比法教材的适当位置.

归纳和类比离不开观察、分析和联想.因此,如果在数学教学中适当加进这方面的有趣题材,则对培养学生的数学的观察能力、分析能力和联想能力将会极有帮助.值得高兴的是,美籍匈牙利数学家兼教育家G. Pólya的名著《数学的发现》《数学中的归纳和类比》《合情推理模式》(后两书的中译本名为《数学与猜想》)已陆续被译为中文出版发行.这些书收入了大量的有趣题材和富于启发性的例子,相信对于国内关心数学教学改革的同志们会有一定的参考价值.

G. Pólya所说的"合情推理"(也称似真推理),实际上类似于Einstein所倡导的"探索性演绎法".这种演绎法至少有两点不同于一般形式逻辑范围内的演绎法:一是作为推理出发点的前提或条件多半是不够充分的,或者是比较模糊的;二是推理的前提或假设往往是一种不稳定的猜测,在推理过程中经常处于可更改的地位.例如,凭直观猜到某命题的一部分必要条件或者可信以为真的条件,用以形象直观(由猜想的外推)地去"推断"出某种结论来,便属于第一种情形.在推理过程中发现作为假设的前提不尽正确而需要随时加以修改补充的做法,即属于第二种情形.事实上,许多有创造力的数学工作者,正是惯用这种探索性演绎法去发现和建立他们的定理和理论的.在数学的解题和证题过程中，人们也常常不自觉地使用着探索性演绎法，只是运用这种演绎法的技巧和能力水平各不相同而已. 因此，有关这种演绎法的题材也应该在教学与教材中占据一定的重要位置. 举例来说，数学中需要讲述一些引人入胜的"反例"，要揭示"反例"是怎样发现的，不正是阐明"探索性演绎法"的一种简单应用吗？

综上所述，归纳、类比和探索法通常是靠猜想与联想(包括直观想象)等心智活动串联起来的. 这些心智活动形式能导致人们做出新的判断和预见，帮助人们发现数学真理(包括新的数学关系结构、新的数学方法及数学命题等). 但是，它们毕竟是一种非逻辑的思维形式，属于现代心理学上所谓的"发散思维"范畴，并不能用以精确地建立数学命题和理论. 最后要证明命题或定理，还必须用严格的逻辑分析与演绎推理，即收敛思维.

因此，为了培养既有创造发明能力，又有逻辑论证能力的数学师资和学生，应该在中学和大专院校的数学教学与教材中，采用"归纳与演绎交互为用的原则". 按照这条原则，不仅要教会学生运用科学归纳法试着去猜结论，猜条件，猜定理，猜证法，而且还要让他们学会从探索性演绎法过渡到纯形式的演绎法，能够把预见的合理命题或定理的证明一丝不苟地建立在逻辑演绎基础之上.

总而言之，在数学教学过程中，既要发展学生的发散思维能力，又要培养他们的收敛思维能力. 既要教会学生进行严格的逻辑推理，又要教会学生大胆进行不严格的猜想、联想和合情推理.

传统的数学教育与教学似乎过分偏重于培养收敛思维能力，这对造就面向未来的科技人才来说，自然是不够理想的. 因此，我们认为"归纳与演绎并用"的原则在数学教学改革中应该是一条值得重视的原则.

但是，话又说回来，数学往往以其特有的逻辑严密性为荣，数学教师们又往往视讲述为本职. 因此，正像 G. Pólya 在《数学与猜想》一书中所指出的，一般教师都不愿向学生讲述"不严格的思想方法"(如猜想与合情推理等)，以免有损"威信". 而且，从归纳到演绎，首先需要观察分析诸特例，做起来有时是很费工夫的，毕竟不像专讲逻辑演绎那样简便而直接. 因此，如何恰当地使"归纳、演绎并用的原则"体现到数学教改中去,看来还有些思想认识问题需要讨论解决.

青少年从小学、中学到大学,都要把许多时间花在数学学习上,但当他们进入社会,从事各行各业的工作后,就有相当多的人再也用不着或者很少运用学过的数学知识了.甚至有些人还对数学产生了"那是枯燥无味、太伤脑筋的玩意儿"的错觉.尤其一些具有艺术爱好倾向的学生,往往更容易产生上述错觉,有的人还对数学怀有敬而远之的惧怕心理.

其实,上述情况可能是由于数学教育与教学中一贯忽视"美学原则"所导致的必然现象.作为科学语言的数学,具有一般语言文学与艺术所共有的特点,即数学在其内容结构和方法上也都具有自身的某种美,即所谓数学美."数学美"的含义是丰富的,如数学概念的简单性、统一性,结构系统的协调性、对称性,数学命题与数学模型的概括性、典型性与普遍性,还有数学中的奇异性等都是数学美的具体内容.在高等数学和初等数学中处处存在这些数学美.例如,仅就"对称性"而言,数学家 H. Weyl 就写过一本讨论这种数学美的著作[①],令人读之兴味益然.

谈到数学理论(结构或模型)的典型性,其思想方法实际上是和文学创作中的典型性概念很相似的.文学小说和艺术需要以具体背景素材为基础,采用扬弃法或抽象法塑造某种来自生活而又高于生活的形象典型.数学理论其实也是以一些具体问题、具体材料为背景,通过归纳、分析、抽象等一系列过程建立起来的模型结构或关系典型.当然,一切抽象物都有一个共同特征:它们来自实际,反映实际,而又往往超出实际(所谓"超出实际",并不是脱离实际,而是把一切有着可能性的对象也包括进去).数学的抽象物具有逻辑演绎性,或许这正是数学不同于艺术的主要之处.

因此,按照上述类比,完全可以教懂具有艺术爱好倾向的学生,使他们也能领会到"数学美".

数学教育与教学的目的之一,应当是让学生获得对数学美的审美能力,从而既有利于激发他们对数学科学的爱好,也有助于增长他们

---

①Weyl H. 对称. 北京:商务印书馆,1986.

的创造发明能力.例如,在拙著《数学方法论十二讲》的第十讲中,作者曾介绍 H. Poincaré 和 J. Hadamard 的"数学领域中的发明心理学".姑且不论他们的观点是否完全正确,但他们所一致强调的"美的直觉"在数学创造发明中的作用,却是大多数数学工作者所共见的.事实上,马克思也曾说过,人类社会的生产活动是按照"美学原则"进行的.当然,作为精神生产物的数学知识符合美学原则(或审美原则)也是无可置疑的.

因此,我和数学界的许多同行都有同样的看法,即认为数学教改中还应把"数学中的审美原则"尽可能体现到数学教材与教学方法中去.

在我国,为了培养大批有创造才能的学生,高水平的数学师资的培养自然是刻不容缓的.我同意 G. Pólya 的观点,好的数学教师应保持良好的"作题胃口".显然,这种"胃口"将有利于感染学生去发展解题的兴趣和才能.此外,作者还赞成数学教师培养泛读数学史的兴趣,且能涉猎一些创造心理学与科学方法论.这样,将有助于增长教师本身对数学科学的审美修养,进而能潜移默化地去感染学生们爱好数学.

以上只是提了些原则性观点或建议,目的仅是抛砖引玉.至于如何在具体的数学教材改革与教法改革中反映上述原则,还有许多实际问题需要进一步讨论研究.

关于数学创造规律的断想及对教改方向的建议[①]

1 从一个猜想的证明经历谈起

1984 年,Branges 证实了 Bieberbach 猜想的消息轰动了数学界,翌年发表的论文使人们确信这个困扰数学家 60 多年的难题确实是被攻克了.

Bieberbach 猜想是说,"单位圆域内的一个单叶函数当表成以变量 z 为首项的幂级数时,第 n 项系数 a_n 总满足不等式 $|a_n| \leqslant n$",这是何等优美而简洁的命题! 不难想象,Bieberbach 当初一定是由归纳产生直觉,进而提出上述猜想的.

Branges 通过艰苦努力发现上述猜想(命题)可归结为某种 Jacobi 多项式的积分不等式,但是他仍然苦于没法证明这个不等式.幸亏计算数学家 Gautschi 帮忙,使他有机会采用 Askey 等人的一个现成的富于奇异美的结果,才最终完成证明 Bieberbach 猜想的大业.

从 Bieberbach 猜想到 Branges 的工作历程来看,想象力和审美直觉都起了重要作用.本文将从想象、美学、流与源、逻辑与历史诸方面来展开论述.

2 严谨与想象——谈创造性人才不可匮缺的科学浪漫主义素质

数学的严谨使许多人认识到其研究过程恰恰更需要想象力,有趣的是,国外曾有传记作家把数学家和诗人列为一类.也许这是依两者

---

①这是作者与隋允康合作的论文.原载:《高等工程教育》,1987(3).收入本书时做了校订.

都需要想象力和美的意识而划分的.

是的,严谨(严格)、抽象、铁一般的逻辑,这是数学中绝对需要的.但这通常是在演绎论证阶段的特点,表现在数学论文和教科书内容的循序渐进,而在提出、创立概念时,在寻找思路时,则更需要归纳想象、类比联想、观察猜测、思路跳跃和思维发散.正如诗人需要富于想象力的形象思维,需要浪漫主义素质,数学家也不例外地需要"神驰万里,思接千载"的科学浪漫主义.

没有想象力,没有科学的浪漫主义,F. Klein 和 H. Poincaré 怎么能提出否定平行公理的模型,从而证实非欧几何的独立性呢?Minkowski 怎么能在三维空间外加进带虚单位的时间轴,从而为他的学生 Einstein 的相对论提供绝妙的四维时空描述呢? A. Robinson 又如何能用模型论方法建立非标准分析的理论体系呢?

想象力是数学创造的心理要素之一.事实上,作为产生新知识的科学研究,第一步是选题,这一步与想象力息息相关,研究者需要想象结果,预见研究的成败;第二步是就选定的课题展开深入研究,这一步也时时需要想象力和预见性,否则会做虚功,走弯路,乃至丧失信心,一事无成.

想象需要常规的观察猜想、类比联想,也需要非常规的标新立异、突破禁区.L. A. Zadeh 着眼于实际需要,提出隶属度的概念,定义了模糊子集;泛函分析融分析学、代数学和几何学于一炉;离散数学与连续数学通过自然的类比关系相互吸取营养,得出许多命题……这些都是常规想象的成果.人们引入虚数的概念;Hamilton 发明四元数;Galois建立并运用群论从整体上研究代数方程可解性理论……这些都是非常规想象的成果.

不论常规想象还是非常规想象,都是以地面为出发点的想象.一个人自拽头发无法将自己拔出泥潭,原因是缺少支撑点.想象力的支撑点就是知识.缺乏必要的知识,想象的头脑就缺乏用来加工的原料,联想就是贫乏的、微弱的.事实上,创造的机遇总是偏爱那些有准备的头脑——训练有素、具备有效知识和想象力丰富的头脑.

传统的数学教育可以使人们训练有素,具备知识,然而想象力不足,创造力微弱.严谨而缺乏想象,这是传统教育重视知识轻视能力的必然结果.以发展能力为宗旨的当代教育应当重视想象力的培养.请回忆马克思的一句名言:"想象力,这是十分强烈地促进人类发展的伟大天赋."我们自然应该爱惜这一天赋,开发这一天赋,发展这一天赋.

3 真与美——创造活动需要美学思想

正如想象力不是文学家、艺术家的专利品,美也是数学探索的上佳境界.通常人们只看到数学的真的本质,忽略了真的反光——美."真属于科学技术,美属于文学艺术"——这是一种误解,其实,科学技术与文学艺术有不少共性.无论《红楼梦》中形形色色的典型描写还是鲁迅笔下的阿 Q 形象的塑造,都与一般数学模型的创造过程(即抽象表现过程)有着本质的一致:从事实题材出发,运用分析、抽象、概括的手段,并按照美学原则,把典型或模型用文学语言或符号语言表现出来.由此,我们就会理解为什么当 Cauchy 还是一个小孩子时,Lagrange就诚恳地告诫其父一定要使他学好文学艺术课.

尽管 Lagrange 并没有揭示文学艺术能促进数学创造的机制,但是我们在 Lagrange 的数学贡献中看到了美学的作用.约束极值的 Lagrange 乘子法,对目标和约束求导的一视同仁的表达,显示出匀称、均衡、和谐的美.这种协调对称的美感在 Laplace 以其名字命名的二阶偏微分方程上也表现了出来,还表现在以简洁、凝练和统一的方式表达许多不相同的物理规律.Laplace 变换的普遍反演公式以复变函数积分的形式得到的原函数形式显示出一种珍奇的、独特的美.这同非 Euclid 几何、δ 函数等同属一种"别有洞天"的奇异美.总之,数学中熠熠生辉的美的实例俯拾皆是.闪烁着真理之光的数学成果,要么有一种和谐美,要么有一种奇异美.这大概可以成为在数学探索中检验其正确性的旁证.同时,追求美的境界也会成为激发数学创造性的动力.马克思曾指出:"人类社会的生产活动是按照美学原则进行的."数学的创造性活动也不例外.当然,还要注意到:一般说来,真是美的,而美未必都真.所以,只能把美学原则作为一个值得重视的原则.

4 流与源——不容忽视的创造源泉

正如想象和美感往往被忽视一样,数学创造的源与流的关系也往往被颠倒.例如,数学的严格公理化体系,往往被认为是不需要外在推动力的"自我发展封闭体系",在其中只要继承前人的数学成果,依靠公理就能够自我演绎发展下去.这种从表面看问题的做法很容易产生误会.

数学创造的源泉来自多途,例如,谁能从证明 Bieberbach 猜想的漂亮的演绎推理中想象出 Branges 在求索的艰难过程中,曾求助于他人编程序上机计算呢?其实,历史上的大数学家大多是善于计算的,Euler 就是一个典范.例如,Euler 在探求 Bernoulli 所征求的 $\sum\limits_{n=1}^{\infty}\dfrac{1}{n^2}$ 时,用类比推理得出其和为 $\dfrac{\pi^2}{6}$,然而方法的不严格性促使他去做计算实验,他一直算到七位数字,二者都相一致,他才确信自己的发现.可见,计算和实验能酿就创造灵感.

此外,"实验"观察也是创造的源泉.当代一些实验数论专家常利用计算机算出大量信息,归纳出猜想,再做论证.例如,Varga 就曾试图靠计算机的辅助计算去否定 Riemann 猜想.

不仅数学本身有这种"经验归纳""实验验证"的源泉,数学历史表明其他学科的发展也形成了数学发现的外在刺激.例如,微积分的发展与力学、天文学和物理学的关系尽人皆知,而 Fourier 分析的建立应归功于其对于热传导问题的研究.尽管现代数学有些分支抽象度很高,但也从客观现实中提取了模型.一些抽象度较低的分支则更容易看到来自实践的影响,例如,运筹学中的博弈论、排队论、随机服务系统理论、存储论等,名称本身就留下了本源的印记.

通常被学生误认为发展源泉的前人成果,其实只是数学发展的流.数学——这面以独特方式抽象映照客观世界的镜子——原象是被它反映的客观世界,推动其发展的源头活水主要来自于此.Gauss 与 Euler 的许多发现都是从归纳、观察和猜想开始的.归纳总结与计算实验永远是数学发展的忠实助手,它们提供引起想象的信息,得到结论的资料,从而使人们发现规律,提出猜想或结论.它们也是验证的辅助手段,帮助我们或否定猜想,少走弯路;或强化想象,增强信心.我们必须让学生清楚地看到数学发展之源与流的关系.

5 逻辑与历史——揭示"知识发生过程"的教育有助于培养创造性

Bieberbach 猜想从提出到证明的漫长而曲折的历史告诉我们,反映在论文上的证明只是其中一个小的演绎部分.为了逻辑上的简洁,这是无可非议的.然而,若以此作为教科书,则欠缺了极重要的内容.正在形成的数学是一门实验性的充满归纳的科学,而严格表现出来的数学却是一门系统的演绎科学.现在的教科书反映了后者.如果仅仅为了传授知识,这种演绎性的教材便是完美的.但是,如果用来培养创造性,这种教材就不足了.这是因为学生得到的知识太偏狭了,他们"只见树木,不见森林";只学到严谨,不会发挥想象;只掌握演绎,不能运用归纳;只知道流,不了解源.这样得到的知识难免枯槁僵死,没有活力.

如何改造教材,改善讲授方式,以适应教育宗旨向培养能力方面过渡呢? Hilbert 的老师 Fuchs 教授的一段轶事对我们颇有启迪.大概是缺乏备课习惯,Fuchs 在课堂上总是现想现推,有时就使自己陷于被动困难的境地.然而,Hilbert 和他的同学们却因此看到了高明的数学思维是怎样在艰巨的探索中进行的.设想我们今天的教师这样去做,则必然受到诸如"备课不认真"的谴责.然而,把课备得再流畅,搞一套毫无生气的逻辑推演,学生还是看不到生动的创造过程.如果有意识地在学生面前表演探索真理的曲折,而进行认真的备课,那么,我们就把传统的传授知识所表现出的认真备课优点,与 Fuchs 无意中所表现出的有欠缺的创造性讲授"光彩"地结合起来,便闯出一条崭新的培养创造性的探索与显示知识发生过程的道路.

如果我们真想这样去做,那么就会更加体会到 Leibniz 的一句名言:"没有什么比看到发明的源泉(过程)更重要的了,这比发明本身更有意义."是的,我们现在的教学主要是表现发明本身,或者说表现结果和状态,而不是演化和过程.可是,后者更具有方法论上的启迪意义,可以使学生学到活生生的创造方法,有利于解决他们将来遇到的新问题.这样,我们就会理解 Gauss 所说的"发现比论证更重要"的意义.

与这种揭示"知识发生过程"的教学相呼应,有一个相应的教材问题. G. Pólya 强调数学科学知识的二重性,即"演绎与归纳的双重性",而现今的中外数学教材基本上是演绎性的.因此,我们应当写出具有双重性的教材来,为了更便于表明教材的宗旨,我们称之为"发现法"教材.这种教材基于这样的思想:学生们要掌握演绎推理的基本技巧,但是光靠逻辑上的演绎不可能发现新事物,实验归纳加上探测性的演绎才能导致新发现,因此要加进归纳方法的内容.与"发现法"教材相联系的是另三种教材:"数学方法论""数学发现史"和各分支的科普教材.这里应指出科普教材的意义,一是有助于学生通过深入浅出的叙述,理解关键思想;二是有助于各个专业的科技工作者进行知识更新,掌握数学工具.

我们顺便建议数学工作者和数学杂志不要排斥论文的归纳写法,要鼓励和提倡把演绎与归纳写法相结合.

应当指出,在数学教改中处理好历史与逻辑的关系是十分重要的.通常的看法总是强调二者的一致性.从总体上讲,这种看法确实有点道理,然而在具体的概念和定理的形成上,逻辑与历史不是一致的,通常保留了演绎的逻辑阶段,而忽视了归纳的逻辑阶段.

同一般较多地注意严谨、真、演绎、流和逻辑相反,在本文中我们强调了想象、美、归纳、源和历史,因为这些更有助于培养创造性.一个较完整的数学和其他科技创造性工作的历史如图所示.

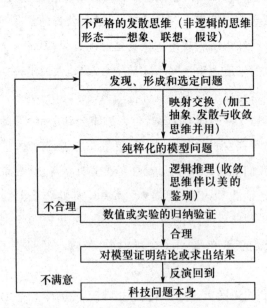

上述问题的解决依靠创造力,而

$$创造力＝有效知识量×发散思维能力×透视本质能力$$

有效知识量提供了类比、联想、假设、想象所依赖的材料和范围.发散思维能力有助于提出新问题,孕育新思想,建立新概念,构筑新方法.透视本质能力标志着研究者抽象思维能力的高低,它决定了洞察事物本质的深度,也是一个十分重要的因素.

数学哲学、数学史与数学教育的结合
——数学教育改革的一个重要方向①

1 引 言

　　近年来,数学教育界议论最多的话题之一,是如何培养学生的数学思维能力.大家都意识到,数学教育的目的不仅在于使学生掌握数学理论知识,而且在于使他们具有一定的数学思维能力,善于运用所学知识分析和解决各种实际问题.数学思维能力的培养是一个动态的过程,它不是仅靠记忆、讲解、推导、演练、答卷等传统教学手段所能奏效的.因为上述教学手段基本上都是围绕知识的理解和掌握展开的,以书本知识为素材,以形式逻辑推理为思维工具,并不能解决培养数学思维能力所需要的辩证思维过程的演示和训练问题.要培养学生的数学思维能力,需要研究和引进新的教学手段和方法,开拓新的思路.作者认为,把数学哲学和数学史的研究成果运用于数学教育,促进数学哲学、数学史和数学教育三者有机结合,则是这方面一个值得探索的、很有希望的方向.实际上,从19世纪以来,已有不少数学家和数学教育家从不同角度进行过一这方向的探索.如 F. Klein 的《19 世纪数学史讲义》、G. Pólya 的《数学的发现》《数学与猜想》等著作便运用了许多数学史和数学哲学研究的成果.20 世纪 60 年代以来,关于"新数学"教育功过是非的讨论,也是在数学哲学和数学史背景下进行的.近十几年来,国内外数学教育界对数学哲学和数学史表现出越来越浓厚的兴趣,这绝不是偶然的.然而,这样一种自然趋势,若不从理论上和

---

①这是作者与王前合作的论文.原载:《数学教育学报》,1994,3(1):3-8.收入本书时做了校订.

实践上加以概括和总结,进行分析研究,是很难深入、持久地发展下去的.

2 数学哲学的内容含义

将数学哲学研究成果运用于数学教育,对培养学生的数学思维能力有何影响呢?数学哲学研究大体上可分为数学本体论、数学认识论、数学方法论三个方面,以下就这三个方面展开讨论.

数学本体论主要研究数学对象的性质及存在方式.在数学史上,数学对象的含义有过多次变化,这种变化在数学教育中有所反映.有经验的教师都知道,学生开始接触"用字母表示数"的观念以及虚数、微积分等概念时,很容易感到困惑,因为这正是数学对象的含义发生变化的时期.今天学生理解上的困惑,在一定意义上正是历史上思想困惑的逻辑"重演".因此,考察数学对象的历史演变,总结前人在理解数学对象演变时的经验教训,无疑对今天的数学教育有着重要的启发意义.在数学教育中,应当帮助学生理解数学对象的现实意义,并从中锻炼如何从现实世界中提炼数学对象的能力,而数学本体论研究提供了培养这种能力的思想基础.数学本体论还研究数学模型的性质和构成方式问题,这方面的研究对培养学生数学思维能力也很有指导意义.建立和处理数学模型的过程,就是"实践—理论—实践"的过程.数学教育的一项重要任务,就是培养学生建立和处理数学模型的能力.而要培养这种能力,必须不断深化对数学模型的一般性质和构成方式的了解.在数学教育中,经常会发现有些学生对解决应用问题不感兴趣,或感到困难.他们不善于建立数学模型,面对实际问题无从下手,或无法使构造的数学模型具有可解性.造成这种状况的主要原因之一,正是他们对数学模型的意义、价值、性质和构成方式缺乏必要的了解.

数学认识论主要研究数学认识过程的特点和规律.这方面的研究成果能指导数学教育过程中的认识活动,使教师能根据学生认识能力发展的规律来选择和确定适当的教学形式,提高教学质量.数学认识过程是数学认识主体与客体相互作用的过程.在数学教育中,主客体相互作用表现为进行数学认识和实践活动的人对数学对象的理解、掌握和运用．数学教育的认识过程往往表现为从基本概念和原理出发，逐渐展开理论体系，使讨论的内容逐渐接近实际问题．这种特殊的认识过程一方面是数学教育所必需的，另一方面又容易使学生误认为数学认识活动可以没有实践环节，因而把对数学知识的学习变成对基本概念、原理、公式的死记硬背，最终导致运用数学知识分析问题和解决问题的能力的缺乏．只有通过数学实践，才能获得正确的数学认识．然而，在数学教学中如何确定认识与实践环节的比重和相互作用途径，如何更快更好地在学生头脑中建构数学知识的逻辑体系，同时又避免"从理论到理论"的倾向，这些问题的深入解决，都有待于对数学认识活动中主客体关系的进一步探究．

数学认识论研究还涉及数学抽象、数学经验、数学直觉、数学美等因素在数学认识活动中的作用．这方面的研究对于培养学生的数学思维能力也是很有价值的．学生对这些因素的理解和运用，大体上都是从具体直观的印象出发，逐渐深化和严格化．数学教师应针对不同年龄、不同接受能力的学生，用不同层次和程度的语言去讲解抽象、经验、猜测、想象、直觉等因素的含义，引导他们循序渐进地发展数学思维能力．如果教师把自己的理解生硬地灌输给学生，必然会有适得其反的效果．须知能力教学并不像知识教学那样，可以把教师理解的东西平移到学生那里去，这就是数学认识论带来的重要启示．

数学认识论研究在数学教育中的作用，还可以表现为对数学教学方式和方法的影响．通过深入探讨学生认识活动的各个环节及其相互作用的规律，可以为设计适当的教学环境、教学程序和教学手段提供指导或参考意见，还可以有针对性地克服学生认识过程中的思想障碍，发掘其认知潜在能力．

数学方法论主要研究数学思维活动的一般规律和方法．近年来，数学方法论受到数学教育界的较多关注，很多数学教师已直接将有关的数学方法论知识引入数学教学之中．有必要指出，数学方法论毕竟是数学哲学层次上的理论成果，是以数学本体论和认识论为理论基础的．如果急于将数学方法论成果变成一种技巧或工具，并降低到经验层次上使用，只能给数学方法论在数学教育中的应用带来不利影响．

数学方法论主要研究数学中各种思维方法的性质和作用，包括演绎、归纳、综合、化归、形式化、公理化等数学教育中经常强调的方法，以及观察、实验、合情推理、逆向思维等容易被忽略的方法. G. Pólya 关于数学发现规律和合情推理模式的论述，I. Lakatos 关于数学证明与反驳的讨论，都充分考虑数学教育的需要，可以直接应用于数学教学活动.

数学方法论研究的另一课题，是讨论数学思维的训练方式和途径，这是一个更接近数学教育的研究领域. 数学是一门思维的艺术，数学思维的活动过程有方法论因素，即运用各种方法分析和处理实际问题. 数学思维的发展也有方法论因素，即通过适当方式和途径培养人们的数学思维品质和思维能力，完善数学思维结构自身. 数学思维品质和能力的发展变化，又与人的大脑生理结构和机能有密切关系. 神经生理学研究表明，大脑左半球主要承担抽象思维和收敛思维的任务，大脑右半球主要承担发散思维的任务. 两半球的思维活动相互影响，相互促进. 作者曾在《数学与思维》一书中，对数学与左脑思维、数学与右脑思维、数学思维过程中左右脑的配合等问题做过较详尽的讨论，这里不再赘述. 数学思维的训练要考虑这一因素，既注意各种思维品质和能力的分别训练，又注意各种思维品质和能力的相互联系和均衡发展. 数学思维训练还要考虑学生学习兴趣的培养、学生知识结构的改善、思维训练效果的评估、思维训练与正常教学活动的配合等问题，它们都需通过数学方法论研究加以解决.

从上面的讨论可以看出，数学哲学研究的各个方面都与数学教育有密切联系，都对学生数学思维能力的培养有重要影响. 然而，由于传统的学科划分的影响，以往的数学哲学研究很少考虑数学教育的需要，而数学教育工作者对数学哲学研究成果也知之甚少. 有些人把数学教育的思想基础仅仅归结为数学教育心理学，没有意识到数学哲学是数学教育更深刻的思想基础，因而很多问题无法上升到数学哲学高度加以认识. 这种状况是历史原因形成的，改变这种状况需要一个过程，需要付出艰苦的努力. 数学哲学工作者和数学教育工作者都有一个了解对方专业，借鉴对方成果，学习对方长处的任务，需要加强合作，互相支持. 只有这样，才能实现数学哲学与数学教育的有机结合.

3　数学史对数学教育的作用

在数学哲学研究成果运用于数学教育的过程中，需要广泛利用数学史所提供的生动素材，这一点上面已经论及. 就培养学生的数学思维能力而言，前人数学思维发展中的经验、教训是最有借鉴意义的. 然而，数学研究历来比较重视成果的积累，而理论成果经过严格逻辑整理之后，已抹掉了实际思想过程的痕迹. 同样，以往的数学教育比较重视理论知识本身的传授，这就使人们很少接触数学史的素材，很少运用数学史的生动事例启发和培养学生的思维能力，难以体会数学史对于数学教育的价值，由此造成数学史与数学教育的脱节. 要改变这种状况，必须多方面探索将数学史研究成果运用于数学教育的途径.

数学史研究不妨大体上分为"内史"和"外史"两个方面."内史"研究以考察数学理论成果的历史形态为主，包括数学成果产生的年代、最初的形态和后来的演变、创立者的贡献、数学成果的传播等."外史"研究以考察数学发展与社会生活各方面的关系为主，包括数学发展与哲学、科学技术、经济、军事、宗教等方面的关系，以及数学家生平和思想、数学事业的发展、数学教育等方面的问题. 传统的数学史研究多注重内史研究，而近年来外史研究引起人们越来越大的兴趣. 因为外史研究可以更全面、更细致地展示前人数学思维发展的实际情况，而这些情况恰恰是数学教育改革所亟须的. 当然，内史研究的很多成果也可以为数学教育所用，关键在于如何选择与加工，使之更适合数学教学活动的需要.

对于数学教育而言，数学史的外史研究有这样几方面的成果很有利用价值.

首先是数学哲学史，即数学与哲学的关系史，这是数学思想历史演变的基本线索. 数学本体论、认识论和方法论研究都有着悠久的历史，出现过许多著名的学派，如古希腊的 Pythagoras 学派、Plato 学派、Aristotle 学派，近现代的约定主义学派、逻辑主义学派、直觉主义学派、形式主义学派等，它们都在数学思想发展中产生过重大影响. 在将数学哲学研究成果运用于数学教育的过程中，可以直接利用数学哲学史的素材,并说明前人对有关的数学哲学问题是如何看的,对在哪里,错在哪里,于今天的数学教学活动有何启示.比如,17世纪关于微积分基本概念本质的讨论,就涉及很深刻的哲学问题,参加论战的Newton、Leibniz、Berkeley等人,都是哲学史上举足轻重的人物.论战的结果导致19世纪微积分基本概念表述的形式化,又为后来数学形式主义的产生铺平了道路.与此相应,今天的微积分教学也要经历由较为直观的表述向严格的形式化表述的转化.如何使学生顺利完成这种思想转折,又不致受到形式主义观点消极因素的影响,自然需要借鉴数学史的素材,从中获得必要的启示.

其次,要注意数学家思想活动的历史记录,特别是数学家从事研究工作、获得重大发现的思想记录,专门记录这方面思想活动的文献很少,有关素材大都散见于数学家的全集、选集、传记资料,以及讨论数学思想方法的演讲、谈话记录、杂文和别人的回忆录等材料.Descartes、Hamilton、Gauss、H. Poincaré、J. Hadamard 等人,都留下过自己获得重大数学发现时生动的思想记录,特别是关于创造性思维活动过程的记录,读起来活灵活现,充分展示了数学家的机智和敏锐的洞察力,极有启发意义.G. Pólya 认为,数学发现是一种技巧,发现的能力可以通过灵活的教学加以培养,从而使学生领会发现的原则并付诸实践.实际上,数学教学中的解题训练就是数学发现的演习.学生解题活动的探索性思维与数学家从事研究活动的探索性思维,本质上是相通的.正因为这样,有关数学家创造性思维活动过程的历史记录,就成为培养学生数学思维能力的好教材.学生不仅可以从中学习到数学家的思想方法,而且可以学习到数学家的刻苦钻研精神、顽强毅力和严谨学风,这对于调动学生的非智力因素也是大有好处的.

最后,要注意研究数学社会史,即数学与其社会应用的关系史.数学的各个分支之间都有内在的联系,它们相互影响,相互渗透,构成一个有机的整体.Hilbert 曾认为,数学的生命力正是在于它的各个分支之间的联系.无论纯粹数学分支,还是应用数学分支,都有存在的必要.如果片面强调某些分支的重要性而忽略另一些分支,就会破坏数学有机整体的平衡发展,这方面的经验教训不胜枚举.古希腊几何学强调逻辑的严谨性,Plato 甚至完全摒弃实用性,然而 Archimedes 克服了这种片面性,从而获得了很多高超的研究成果.19世纪抽象数学的一些成果,如群论、非 Euclid 几何学等,后来意外地找到了重要的现实应用.在数学教育中,可以充分利用这些素材,研究数学与社会应用之间关系的规律,为数学教育中课程的合理设置、知识的结合与渗透、数学应用能力的培养提供借鉴和参考.

数学史的内史研究,也有很多成果能够为数学教育所用.虽然历史上很多数学符号和理论表述形式现在已废弃不用,但在数学教学活动中予以适当介绍并与现在使用的数学符号和表述形式相比较,有助于学生理解现在使用的数学符号和表述形式的优点,加深对这些符号的印象,更好地加以使用.比如微积分符号的使用,Newton 及许多英国数学家所使用的符号是 $\dot{x}$、$\dot{y}$,Leibniz 及许多德国数学家使用的符号是 $\mathrm{d}x$、$\mathrm{d}y$,两派数学家各不相让,争论了好些年.最后数学界普遍采用了 Leibniz 的符号,因为他的符号体系更适于表示高阶导数和高阶微分,并且可以由正整数阶推广到负数阶和分数阶,由此导致运算微积分的发展.这一段历史对于学生理解微分符号的使用显然是很有帮助的.当然,数学史的内史研究还有许多其他成果也可用于数学教育,这里就不多说了.

4 三结合对数学改革的重要意义

数学哲学、数学史与数学教育的结合,对于我国数学教育改革来说,有着特殊重要的意义.

我国古代数学曾有过辉煌的成就,但由于传统文化的影响,人们往往只是从工具角度来理解数学的功能,强调其算法性质,致使数学理论成果缺少充分的逻辑整理和系统化,其抽象化、形式化、公理化程度也较差.因而近代数学未能在我国自然产生,甚至在现在的数学教育中也存在重算法,轻逻辑,更忽视数学思维能力培养的倾向.应该看到,尽管我国的数学研究和数学教育都有相当的规模和实力,我国数学家取得了很多重要成就,我国学生在世界数学奥林匹克竞赛中也有可喜的成绩.但总体来看,获得的世界一流的研究成果还不是很多,也缺少若干有自己思想特色的学派.我国数学研究和数学教育与世界先进水平差距在哪里?我们认为差距之一是对数学的功能的认识.数学具有实用功能,能够解决生产和生活中大量实际问题,这是人们很熟悉的;数学还具有文化功能,这却是人们容易忽视的.学习数学不仅能够掌握数学的计算方法,而且能够培养严谨的逻辑思维能力和机智的创造性思维能力,养成冷静、客观、公正的思维习惯,实事求是、有条不紊地处理问题.数学教育的目的正是在于培养全面领会数学功能的人才,使之既能应用数学解决实际问题,又能掌握数学的精神、思想和方法.应该看到,学过数学的人们中的大多数,一生中可能很少使用其学过的专业知识,但这并不等于说他们的数学学习没有效用.很可能他们最大的收益在于掌握了数学的精神、思想和方法,提高了自己的思维能力,并因而终身受益.不仅如此,由于重视数学的文化功能,强调培养和提高思维能力,也有助于数学研究水平的提高,有助于数学的实用功能的发挥.数学重大发现的获得与数学学派的形成,需要深厚的思想基础.只有深刻理解和掌握数学的精神、思想和方法,才有可能取得数学理论和应用上的卓越成就.偏重数学的实用功能而忽视其文化功能,是数学发展中狭隘和短浅的观念.然而,这种观念在我国数学研究和教育领域还不同程度地存在着,这是制约我国数学研究与教育水平的一个潜在的重要因素.

在我国数学教育改革中运用数学哲学和数学史的研究成果,有一定的困难.数学哲学、数学史和数学教育之间相互脱节的现象由来已久,在这些领域从事研究和实践的专业工作者相互了解并不容易.加上数学教育改革涉及课程设置、师资培训、教材教法、考核评估等诸多环节,任何一项有关全局的改革都会带来一系列实际问题.比如,将数学哲学和数学史的研究成果运用到数学教育之中,势必要修改现有的教科书和参考书,要改变现行的教学方式和方法,要培养出对数学哲学和数学史都有一定了解,并且善于将三者结合的教师.所有这一切都不是现成的,都需要通过教育改革实践积累经验,搞好可行性论证,使之逐渐成熟,逐步推广.

为了推动数学哲学、数学史与数学教育的结合,我们建议采取以下具体措施:

第一,在数学系本科生、研究生和数学教师继续教育的课程中,增加数学哲学和数学史方面的内容.可通过这一途径,培养出一批能够将数学哲学和数学史研究成果运用于数学教育的合格师资,为这方面的教育改革做好人才方面的准备.

第二,在数学教科书和参考书编写中,贯彻数学哲学、数学史和数学教育相结合的原则,将数学哲学和数学史的有关成果写进去,同原有的教科书、参考书内容融为一体.

第三,开展数学哲学、数学史与数学教育相结合的学术研讨活动,促进各方面的思想交流和相互了解.

第四,要注意研究国外将数学哲学、数学史与数学教育相结合的成功经验和具体做法,以及对数学的功能、数学人才培养目标方面的认识,从中得到启发和借鉴.

第五,要提倡数学专业工作者、数学哲学工作者、数学史工作者和数学教育工作者开展合作研究,共同解决数学哲学、数学史与数学教育相结合的过程中所出现的问题.

参考文献

[1] 徐利治,王前.数学与思维[M].长沙:湖南教育出版社,1990.

[2] 徐利治.数学方法论选讲[M].武汉:华中工学院出版社,1983.

[3] MORITZ R E.数学家言行录[M].南京:江苏教育出版社,1990.

[4] KAPUR J N.数学家谈数学本质[M].北京:北京大学出版社,1989.

[5] 邓东皋,孙小礼,张祖贵.数学与文化[M].北京:北京大学出版社,1990.

[6] 马忠林.比较数学教育学[M].沈阳:辽宁教育出版社,1990.

[7] DAVIS P J,HERSH R.数学经验[M].王前,俞晓群,译.南京:江苏教育出版社,1991.

[8] Steen L A.明日数学[M].武汉:华中工学院出版社,1987.

[9] 徐利治,郑毓信.数学哲学现代发展概述[J].数学传播(台湾),1994,18(1):11-18.

现代数学教育工作者值得重视的几个概念①

在现代的数学教育研究中,人们普遍强调数学教师所具有的各种观念,包括数学观、教育观和教学思想等,对其教学活动有着十分重要的影响.所以,实现观念的必要更新对提高数学教育质量就是十分重要的一个环节.下面依据数学社会学与文化论、认知心理学和数学哲学等方面的现代研究成果提出几个较为重要的观念,它们被认为是围绕以下诸概念得以展开的:"科学文化人""数学共同体""数学文化""数学模式""学习共同体""文献爆炸".

1 数学教育的时代性与"科学文化人"

围绕数学教育的目标历来存在着各种不同,甚至是互相对立的意见或观念,如所谓的"人本主义"和"实用主义"的传统对立等.然而,与各种具体的意见相比,作者以为更为重要的是数学教育目标不应被看成某种绝对的、一成不变的东西.恰恰相反,我们应当明确地肯定数学教育的时代性,而后者的一个基本内涵是指数学教育目标应当充分反映时代的要求,从而培养出现代社会所需要的人才.

基于这样的立场,自 20 世纪 80 年代以来,在世界各国,特别是在欧美各国掀起了一场新的数学教育改革运动.其共同的指导思想就在于以下的认识:人类社会由工业社会向信息社会的转变对数学教育提出了新的更高要求,我们应当以"普遍的高标准"去取代传统的数学教育目标.[1]

一般地说,这种"普遍的高标准"就是各门学科共同的教育目标.

---

①本文为作者与郑毓信合作的论文.原载:《数学通报》,1995(9);封 2-4.收入本书时做了校订.

正因为如此,相对于先前的"普通劳动者"的概念(指"具有健壮的体格、灵巧的双手和简单技能,从而能够胜任简单的机械劳动"),现代的教育工作者提出了"科学文化人"的概念,它泛指具有较高文化素质的科技工作者,而其重要内涵之一是具有较高的数学素养.

具体地说,"数学上的高标准"(或者说"较高的数学素养")是与所谓的"数盲"直接相对立的. 前者不仅指掌握了一定的数学知识和技能(包括应用计算工具的能力),更重要的是,指具有数学地思维的习惯和能力,即能数学地观察世界、处理和解决问题.

从总体上说,我们就可以把"帮助学生学会数学地思维"作为数学教育的主要目标. 值得指出的是,这也是西方的一些数学教育家在经过一些年的研究和实践后所得出的一个基本结论. 例如,从 20 世纪80 年代开始,"问题解决"一直是美国数学界的主要口号. 然而,尽管这一口号具有一定的历史必然性和内在的合理性,但它又具有一定的局限性. 从而,作为一种反思,有人得出了这样的结论:"单纯的问题解决的思想是过于狭窄了. 我所希望的并非仅仅是教会我的学生解决问题……而是帮助他们学会数学地思维."[2]

2 数学的社会性与"数学共同体"

这是一幅常见的图画:数学家总是一个人坐在书桌前冥思苦想. 即使取得了成功,他们也只有孤芳自赏,但更多的却是"花几天或几周时间完全纠缠于一个问题,几乎排除一切活动,而不感到孤寂".

然而,现代的数学哲学研究却表明这并非数学活动的真实写照. 因为,在现代社会中,每个数学家并非离群索居,无论自觉与否,他总是作为"数学共同体"的一员从事自己的研究活动,从而其活动不应被看成完全孤立的.

例如,以下的事实是数学活动具有社会性质的最明显论据:数学家总需要在一定的学术刊物或学术会议上发表或阐述自己的研究成果,以期取得其他人的了解和评价,而这事实上也就是一个审定的过程. 这就是说,一个数学家的研究成果只有得到共同体的接受才能真正成为数学的组成部分.

也正因为如此,"数学共同体"对于各个数学家的具体工作就有着重要的规范作用,而这就是所谓的"数学传统"的主要内容(数学共同体的主要特征就在于其成员处于同一个"数学传统"之中.).

具体地说,"数学传统"主要是围绕以下两个问题展开的:

(1)什么是数学?

(2)应当如何从事数学研究?

例如,在最广泛的意义上,以下可认为是"数学传统"最为基本的组成部分:

数学家的工作目标是要获得这样的成果,它们是借助于为数学共同体所一致接受的语言得到表述的,是对于为共同体所公认为有意义的问题的解答,并建立在为共同体所一致接受的论证之上.

最后,应当指出的是,以上关于数学社会性质的分析,事实上就是从另一角度表明了数学教育的重要性.因为,对于大多数数学工作者来说,其对于数学传统的学习和继承常常是一种不自觉的行为,即通过早年的学习和研究活动不知不觉地形成的;另外,在很多数学教育家看来,这同时也暴露了现行数学教育的一个严重弊病,即学生通过学校的数学学习并未能形成正确的数学观,从而,"学校的数学"就不等于"真正的数学",而这当然会造成严重的消极后果.

例如,在作者看来,以下就是一个应当引起我们高度警戒的错误观念:

问题中已知的条件对于这一问题的求解一定是"恰好的".即为了解决这一问题,必须用到每一个已知条件;而如果真正用到了每一个条件,也就一定可以解决这一问题.

显然,就数学的实际应用而言,情况远非如此简单.

3 数学发展的规律与"数学文化"

在现今的学术界,"数学文化"是经常被提到的一个概念.然而,由仔细的分析可看出,这一概念包含多种不同的意义.

例如,按照现代人类文化学的研究,文化即指由某种因素(居住地域、民族性、职业等)联系起来的各个群体所特有的行为、观念和态度等,亦即各个群体所特有的"生活方式".显然,按照这样的理解,由于在现代社会中数学家构成了一个特殊的群体(即"数学共同体"),因此,我们就可以在这样的意义上去谈及"数学文化":数学共同体所特有的行为、观念和态度,亦即上述"数学传统".

"数学文化"的一个更为重要的含义是:数学应是整个人类文化的一个重要组成部分.所以,我们不仅应当注意研究数学作为一种"子文化"与整个人类文化的关系,而且也可以从文化的角度去从事关于数学的动态研究,如研究数学发展的动力和规律等.

事实上,第一部分中关于"科学文化人"和数学教育目标的讨论显然已涉及了数学的文化功能.另外,在作者看来,东西方文化的一个重要差异就在于:在西方,特别是在理性精神的历史发展过程中,数学始终占有特别重要的地位,而在东方(特别是古代中国),"数学"却被列入"实用技艺"之中,未能得到足够的重视.

显然,从这样的角度去分析,就应当高度重视数学教育与各个特定文化环境的关系,而这事实上就是国际数学教育研究中十分热门的研究课题.例如,正是出于这样的考虑,人们提出了"民族数学"(ethnomathematics)的概念,其核心思想就是,学生不应被看成生活在"真空"之中,除去从学校所学到的就是一片空白.恰恰相反,学生在入学以前就已通过在一定社会环境中的生活获得了一定的数学知识,并形成了一定的思维习惯,而这些会对其在学校中的学习产生重要的影响.而且,即使在入学以后,这些因素也可能通过与社会的接触得到进一步的发展和强化.所以,应当如何看待"民族数学"以及如何做好由"民族数学"向"正规数学"的转化,便是数学教育工作者必须正视的一个问题.

其次,就数学的文化研究而言,其最重要的成果就是清楚地表明了数学的历史发展性.即如"每个概念、每个理论都有一个开端",同样,数学中也不存在什么绝对的严格性或最终的基础.因此,"严格性"本身就是一个历史的概念,而"数学的基础"无非就是"数学共同体的文化直觉".

无可否认,数学的发展正是其外部力量和内在力量共同作用的结果.由于数学具有自身特殊的发展规律和价值标准,从而表现出了一定的相对独立性.这样就应把数学看作整个人类文化的一个相对独立的子系统.显然,这就从另一角度表明了"数学文化"的具体含义.[3]

4 数学活动论与"数学模式"

以上所提及的数学的动态研究事实上正是数学哲学现代发展的一个重要特点,即由唯一强调数学知识的静态的逻辑分析转移到了实际数学活动的动态研究,亦即应当把数学看成人类的一种创造性活动.

显然,以这种"数学活动论"的立场去分析,数学就不应被等同于数学结论的简单汇集,而应被看成一个包含"问题""方法""语言"等多种成分的复合体.因为数学研究往往以一定的问题作为实际出发点,问题的解决则又必须依赖于一定的方法,而最终所得出的结果以及问题本身显然又必然借助于一定的语言才能得到表述.另外,数学中各个概念或结论并不是互不相关的,而是构成了一定的理论体系,所以系统化就应是数学活动的一个重要内容.

容易看出,上述"数学活动论"也有着十分重要的教育含义.这就是指:在数学学习中,我们不仅应当注意掌握具体的概念和结论,而且应当注意对理论的整体性分析,并掌握有关的方法、问题和语言等.所以在各门数学知识的学习(和教学)中,我们就应经常探究以下问题:

什么是这一理论所要解决的主要问题?这些问题是怎样产生的?

理论中的主要概念是什么?各个主要概念是怎样联系起来的?这些概念与其他概念又有怎样的联系?(特殊地,我们在此即可用"抽象度分析法"去从事理论体系的整体性分析.)

各个主要结论是怎样联系起来的?主要结论与主要概念又有怎样的联系?

理论中使用了哪些特殊的符号或术语?这些符号或术语是否适当?

理论中有哪些主要方法?怎样使用这些方法?我们能否应用这些方法去解决更多的问题?

这一理论与其他理论又有怎样的联系?

最后,应当强调的是,如果说"数学活动论"主要是一种外延的分析,那么"模式"的概念就更为深刻地揭示了数学的本质.因为无论是数学中的概念和命题,还是问题和方法,均是一种具有普遍意义的模式,应当将其与通常所说的"模型"明确地加以区分——后者因为从属于特定的现象或事物,就不具有模式那样的相对独立性和普遍意义.这样,从总体上说,数学是"模式的科学"(science of patterns).

更为一般地说,这正是数学思维的一个主要特点,即数学抽象是一种建构的活动.进而,由于数学家以这种建构活动的产物——模式——作为直接的研究对象,从而决定了数学在很大程度上不同于一般的经验科学,这更为数学的自由创造提供了现实的可能性.[4]

最后,由于数学即是模式的建构和研究,因此,我们就应当以"模式"概念为核心来组织数学教学,即应努力帮助学习者逐步发展分析模式、应用模式、建构模式与鉴赏模式的能力.显然,这是对于前述"帮助学生学会数学地思维"这一基本目标的进一步阐述.

5 建构主义与"学习共同体"

心理学研究的现代发展的最主要特征是,认知心理学取代行为主义占据了主导地位,而建构主义学说的兴起是上述发展的一个直接结果.因为,认知心理学的各种研究清楚地表明了这样一个事实,即人们的认识活动并非对于外部世界的简单的、被动的反映(镜面式反映),而是主体在其中发挥了积极作用的过程,即主体借助于已有的经验和知识能动地建构关于客观实在的认识的活动.

由于学习也是一种认识活动,因此,上述建构主义观点在教育界(包括数学教育界)产生广泛的影响就是十分自然的了.这就如美国著名数学教育家 R. Davis 等所指出的:"'建构主义'的思想——在一些年前几乎无人提及——现今在数学教育界引起了极大的重视.许多人对其进行思考并撰文加以论述.尽管人们的意见并非完全一致,但是在这些争论背后我们却又可以看到关于学习的性质、数学的性质以及适当的教学方法的实质性一致."[5]

在作者看来,以上所说的"实质性一致"就意味着对于传统教学思想的直接否定.这就是指,学生的学习活动不应是对于教师所授予的知识的被动的接受,好比一个空的容器可以任意地被装入各种东西;恰恰相反,这同样是一个以其已有的知识和经验为基础的主动的建构过程.所以,我们应当明确强调:"每个学生都是一个(相对)独立的认识主体."

容易看出,上述"建构主义教学观"对于实际的教学活动有着十分重要的指导意义,并关系到对于"什么是教师的作用""什么是适当的教学方法"等一系列基本问题的重新认识. 例如,从这样的角度去分析,与单纯的教材、教法分析相比,我们显然更应重视对于学生真实思维活动的深入研究. 正如亚历山大洛夫所指出的:"在一个单纯强调教学的社会中,儿童和学生们——以及成年人——将是被动的,不可能独立地去思考和行动;而创造性的、能动的个体只可能在一个强调学习而不是教学的社会中得以成长."[6]

所以,我们应高度重视建构主义教学观的学习和研究,这事实上也是各国数学教育工作者所面临的一个共同任务.

这里须特别指出,我们应防止由一个极端走向另一个极端,即由于单纯地强调个体在认识活动中的能动作用,而完全否认了认识活动的社会性质(这就是所谓的"极端的建构主义观点"). 与此相反,我们不仅应当看到人类的认识活动总是在一定的社会环境中完成的,从而必然包含一个表达、交流、批评、修正的过程;而且人类认识活动最终又取决于社会实践的检验.

显然,上述"社会的建构主义"(social constructivism)为我们正确认识教学活动的社会性提供了必要的基础. 特别地,作为对于"每个学生都是一个(相对)独立的认识主体"的必要补充,我们还应当说,"这些主体又和教师以及社会群体组成了一个'学习共同体'",而学生的学习活动(能动的建构)正是在这种学习共同体中,通过教师与学生、学生与学生以及学生与其他群体的相互影响和作用(以及必要的实践活动)得以完成.

6 开放的具批判性的头脑与"文献爆炸"

以上我们联系数学社会学与文化论、认知心理学和数学哲学等方面的现代发展,论述了对于数学教育有着重要意义的几个观念. 这在整体上清楚地表明了数学教育活动的综合性. 这就是说:我们应当在认知心理学、数学哲学、数学社会学与数学文化论等相关学科的"普遍联系网络"中开展数学教育的研究,从而促进数学教育的深入发展.

由此可见,一个好的数学教育工作者应始终保持头脑的开放性,也应当牢固地树立"终身学习"的思想. 这不仅指知识的更新,而且也包括观念的更新等.

然而,就新的学习活动而言,我们在此又突出地遇到了"文献爆炸"的问题. 例如,就数学文献而言,美国数学会主编的《数学评论》(*Mathematical Reviews*)在 20 世纪 70 年代摘文范围已扩及约 1 200 种刊物;而据近年估计,世界上刊载数学论文的杂志已超过 2 000 种. 这样,即使从最保守的角度来计算,每年世界上至少产生 10 万篇数学论文,而如果按平均估计每篇论文只提出两条定理来计算,则每年至少出现 20 万条新的定理. 那么,一个人如何才能不被这文献的海洋所"淹没",并能有效地从中吸取新的有益成分和营养呢?

如果从"社会学"的角度来分析,这首先应被看成"数学共同体"(或者"数学教育共同体")所面临的一个共同挑战. 所以就应当从整体上采取一些有效的"对策". 例如,积极创立"数学文献学"与"数学评估学"就是一项十分重要的工作[7]. 另外,就个体而言,这为我们提出了一个更高的要求,即在保持头脑开放性的同时,更应注意保持头脑的分析性和批判性.

更为一般地说,"头脑的开放性和批判性"是深入开展数学教育改革的关键所在:只有努力学习,深入研究,才不会满足于已取得的成绩,并能清醒地看到所存在的不足和问题;只有坚持独立地思考和分析,才不会永远跟在别人后面,或不自觉地成为各种时髦口号或错误观念的俘虏.

事实上,就现今的数学教育而言,我们确实可以看到各种各样的"口号",如 20 世纪 60 年代的"新数学运动"、70 年代的"回到基础"、80 年代的"问题解决",以及近年来十分流行的"大众数学""数学教育的现代化"等. 然而,由仔细的分析可以看出,在这些"口号"下常常存在多种不同的解释或观点,而且有的提法本身就有着严重的片面性或根本就是错的. 所以,面对这样的形势,我们就更须保持清醒的头脑,并应坚持独立地分析和思考.

最后必须指出,数学教育只有通过不断的批判和反思,并借助于理论与实践的辩证运动才能得到深入的发展. 例如,前面已提到的由"问题解决"到"数学地思维"的发展及现今美国数学教育界对于"大众数学"的反思,均是如此.[8]另外,从认识论的角度看,作者认为,这就清楚地表明了(社会的)建构主义观点的正确性.

参考文献

[1] 郑毓信.时代的挑战——美国数学教育研究之一[J].数学教育学报,1992,1(1):40-46.

[2] Shoenfeld A. What is All the Fuss about Problem Solving[J]. ZDM,1991(1).

[3] Wilder R. Mathematics as a Cultural System[M]. Oxford:Pergamon Press,1981.

[4] 徐利治,郑毓信.数学模式论[M].南宁:广西教育出版社,1993.

[5] Davis R B,Maher C A,Noddings N. Constructivist Views on the Teaching and Learning of Mathematics[M]. 1990:220.

[6] Kadijevic D. Learning,Problem Solving and Mathematics Education[R]. DIKU Research Report,1993.

[7] 徐利治.数学史、数学方法和数学评价[M]//21 世纪中国数学教育展望课题组. 21 世纪中国数学教育展望.北京:北京师范大学出版社,1993.

[8] 郑毓信.关于"大众数学"的反思[J].数学教育学报,1994,3(2):10-17.

[9] 郑毓信.数学教育哲学[M].成都:四川教育出版社,1995.

算法化原则与数学教育[①]

1 "头脑编程"与算法化原则

人类社会正经历着由工业社会向信息社会的重要转变,这一变化不可避免地会对人类生活的各个方面产生十分重要而深远的影响.例如,由心理学研究的现代发展即可清楚地看出这一点.

具体地说,心理学的现代研究的主要特征是,认知心理学已取代行为主义而在这一领域占据了主导地位.由于认知心理学的基本立场是把思维活动看成人脑对信息加工的过程,包括信息的获得、储存、提取、产生等(正因为此,认知心理学有时被称作"信息加工心理学"),因此,认知心理学在现代的兴起是信息社会的一个必然产物.

特殊地,就人类社会向信息社会的转变而言,我们当然又应特别注意计算机技术的迅速发展和广泛应用所带来的巨大影响,这种影响是促成这一转变的一个最为重要的因素.正是从这样的背景去进行分析,作者以为,"头脑编程"等思想的提出就十分自然了.

所谓"头脑编程(程式化)"(mental programming),笼统地说,即认为我们可以通过与计算机的类比来理解人类的思维活动和智力水平:"每一个正常人的头脑,天生都像一个同类微型计算机的硬件,功能上并无太大的差别;但后天环境的影响……却像编制了特殊程序的软件,使头脑这个微型计算机的功能大大增加……因此显示出个体的差异."[1]从而,在持有这种观点的人看来,智力的发展即可归结为如何通过学习和教育(包括所谓的"自我激发")来改进所说的"头脑编

---

①这是作者与郑毓信合作的论文.原载:《数学传播》(台湾),1997,21(2):22-23.收入本书时做了校订.

程".

联系数学领域中的具体事例进行分析,作者以为,上述关于"头脑编程"的观点是有一定道理的.例如,各种技能的训练和养成,如小学生通过背诵"九九表"来培养迅速(简单)的计算能力等,确实可以比拟为在头脑中形成了某种程式.特别地,其中往往还包括了由对于某种程式的自觉执行(有意识的行为)向"自动化"(无意识的行为)的转变.另外,在作者看来,以下历史事实在一定程度上也可借助所说的观点得到初步的解释:Euler 曾被誉为"分析计算的大师",因为他在幂级数运算和无穷连分式的运用等方面表现出了异常的能力.对此,人们先前常常归因于 Euler 具有非凡的数学直觉能力,但事实上 Euler 正是通过反复的计算实践而在头脑中形成了一大套独有的"程式",这可能是一种更为合理的解释.

然而,进一步的分析表明,就有关的各个实例而言,所说的"头脑编程"并非总是一种自觉的"行为".特别地,在很多情况下,即使当事者本人(更不用说其他人)也不能对相应的思维过程做出清楚的说明或解释,而往往只将其归结为某种"天赋"或"直觉".从而,这就很难被视为一种明确的"(思维)程式",我们更无法对此做出有效的推广或普及.

正是从这样的角度分析,作者认为,与"头脑编程"这一笼统的提法相比,"算法化"的思想应得到更大的重视.两者的区别主要在于:就相应的思维活动而言,"算法化"是一个精确化、明朗化的过程,从而,对当事者来说,意味着由相应才能的不自觉应用向自觉应用的转化;另外,"算法化"还可被看成一个"客体化""外化"的过程.这是因为,通过所说的"精确化和明朗化",相应的"头脑程式"相对于原来的创造者而言就获得了一定的独立性,而且,对于其他人来说,也就成为可以理解和能够真正学到手的东西了.特别地,我们还可以利用计算机代替头脑去执行所说的程式.

事实上,"(演)算法"(algorithm)的概念现已获得了普遍的重视.这是计算机技术的迅速发展和广泛应用在数学教育领域所产生的一个重要影响.正如"计算机和信息科学对数学和数学教育的影响"这一指导性文件所指出的:"算法就是解某一特定问题或某一类问题的过程.算法概念在两千多年前就已出现(求两整数的最大公因子的Euclid算法),近年来,由于计算机的引进,算法又引起了人们的极大兴趣."[2]

即使在初等数学的范围内,算法也已显示出特别的重要性,比如,由"四则难题"与代数方法的比较就可清楚地看出这一点.正如吴文俊先生所指出的:"四则难题制造了许许多多的奇招怪招,但是你跑不远,走不远,更不能腾飞……可是,只要一引进代数方法,这些东西都变成了不必要的、平平淡淡的.你就可以做了,而且每个人都可以做,用不着天才人物想出许多招来才能做,你非但可以跑得很远,而且可以腾飞.所以四则难题用代数取而代之,是完全正确的,对于数学教育是非常重要的."[3]

更为一般地说,作者以为,数学历史发展的一个重要方面是,一种重要算法的形成往往标志着数学的重要进步.例如,17世纪数学最为重要的两个成就,即解析几何与微积分的建立,显然都是与某种算法的形成直接相联系的.又如,以下都是19世纪流传下来的一些著名算法:Fourier级数(以及更一般的正交函数级数)、Fourier积分、留数、Gauss-Green-Stokes积分公式、Heaviside计算法和Laplace变换等.再如,作为20世纪的实例,我们还可以举出拓扑学中的同调理论,以及和它密切相关的同态的图表法等.正如H. Freudenthal所指出的:"最引人注目的新事物,也就是引起现代化过程发生的事物都是思辨的产物……然而,任何熔岩终将凝固,任何思辨的新生事物都在其自身中包含着算法的萌芽,这是数学的特点……算法化意味着巩固,意味着由一个平台向更高点的跳跃."[4]

当然,还应特别强调算法对于数学未来发展的特殊意义.正如前面所提及的,主要因为计算机的应用已在这一方向为我们开拓了新的广阔前景:大量繁复的事情,亦即算法的执行,可以留待计算机去做,人脑则将主要从事最富创造性的劳动.从而,"在历史的长河中,计算机的出现,使数学现在一张纸一支笔的方法无异于石器时代的工业方法."[5]

值得指出的是,一些学者还从这样的角度指明了中国古代数学传统对于数学的未来发展有着特别重要的意义.因为,与西方数学以

Euclid"几何原本"为代表的所谓公理化演绎体系相对立,我国古代数学的主要特征之一就是对于算法的突出强调,亦即构成了所谓的"问题—算法"体系.随着计算机的出现,这种"以构造性与机械化为特色的算法体系势必重新登上历史舞台".[6]特别地,现今关于"证明机械化"和"机器证明"的研究显然可看成这一方向的重要进步.

综上可见,作为又一条重要的数学方法论原则,我们应明确地提出如下"算法化原则":

在数学的研究中,应当努力创造各种适用于解决各类问题的有效算法.

这就是说,对于算法的追求应是一种十分重要的数学思想.

2 思维模式的建构:数学教育的基本目标

以上关于"算法化原则"的讨论显然有着重要的教育含义.例如,正是基于算法的特殊重要性,吴文俊先生提出:"数学教育的现代化就是机械化."即指"中小学本来应该是机械化的",如"小学(应当)赶快离开四则难题,引进代数""中学(应当)赶快离开 Euclid 几何,引进解析几何"等.[3]

以上提法应当说具有一定的合理性.然而,作为更为深入的分析,作者以为,在此又应明确地强调以下两个观点:

第一,数学教育的目标应是帮助学生学会数学地思维,而思维的训练不应简单地归结为算法的学习和应用.

具体地说,至少可以区分出三个不同的数学地思维活动层次:

(1)程式或算法;

(2)解题策略;

(3)高层次数学思维.

例如,G. Pólya 所谓的"数学启发法"就属于"解题策略"的范畴,而不能被视为一种确定的算法或程式.另外,解题策略的重要性又显然在于以下事实:在真正的数学活动(包括数学学习和数学研究)中,我们所面临的往往并非只需应用现成的算法即可求解的"常规性问题",从而,与各种算法的机械记忆和应用相比,如何灵活地、综合地应用已有的知识方法更为重要.正是在这一方面,解题策略可以给我们一定的帮助.再者,除去各个具体的思维原则(即所谓的"数学研究的精神"[7],这里所说的"高层次数学思维"更直接涉及数学思维的品质,如思维的灵活性和整合性(辩证性)等.例如,正是在前一种意义上,"调控"(或"元认知")也应被视为影响人们解题能力的又一要素[8].另外,所谓"现实背景与形式模型互相统一的原则""解题技巧与程序(式)训练相结合的原则"等[9],显然体现了对于思维整合性的具体要求.特别地,从发明心理学的角度看,更应突出强调"收敛性思维"与"发散性思维"的辩证统一[10].

应当指出的是,以上关于数学思维不同层次的分析并不能被认为是为算法的研究设定了某种绝对不可逾越的界线;恰恰相反,这正是现代人工智能研究(如关于"解题机"的研究)的一个重要方向,即要在更高的层次上模拟人的思维活动(参见注1).然而,作为问题的另一方面,我们又应看到,以上分析确又清楚地表明算法化原则的局限性.事实上,这也就是著名的 Gödel 不完备性定理所给予我们的一个重要启示.如果从更为深入的层次进行分析,这里的讨论又直接涉及这样的基本问题:究竟什么是思维的本质? 计算机究竟能否思维? 或者说,计算机能否具有真正的智慧(为与动物的智慧相区别,可称之为"有意识智慧")?[11]由于这正是对于认知心理学研究基本立场的一个主要批评意见,即思维并不能唯一地被归结为"信息的加工"[12],这就清楚地表明我们不应把智力的开发简单地归结为算法的学习和应用.

正如 H. Freudenthal 的论述所表明的,应清楚地看到在算法化与创造性劳动之间所存在的相互制约、相互促进的辩证关系:首先,各种算法的创立是创造性劳动的产物,即创造思维的一种"凝固"和"外化";其次,算法除了可以有效地被用于解决一类问题以外,其重要性显然还在于,通过把一部分问题的求解归结为对于现成算法的"机械应用",为人们积极地从事新的创造性劳动提供了更大的可能性,从而算法化也就"意味着由一个平台向更高点的跳跃"(如前所提及的,计算机技术的迅速发展和广泛应用更在这一方向为我们开拓出新的前景).总之,数学的算法化不能代替数学中的创造性思维;恰恰相反,与算法相比,创造性活动更应被视为数学活动的本质.

以上论述显然表明算法的学习不应被视为数学教育的主要任务.

与此相反,作者以为,数学教育的基本目标应是帮助学生学会数学地思维(参见注 2).由于后者作为思维模式的建构过程显然比算法的学习有更为丰富的内涵(即同时包括了以上三个层次的意义),特别是更为突出了创造性能力的培养,这是对于片面强调算法这一不正确思想的必要纠正.

第二,数学教学的具体方法也不能被视为对于某种"教学程式"的机械执行.

我们在此直接涉及了学习活动的本质,它并非学生对于教师所授予知识的被动接受,而是一个以学习者自身已有的知识和经验为基础,并在一定社会环境中进行的主动建构过程.

以上即是关于(数学)学习的建构主义观点(后者是从认识论的高度对认知心理学的研究成果进行自觉分析的结果[13]).就本文所涉及的论题而言,作者以为,建构主义就为我们正确理解算法的学习提供了必要的基础,即这不应被看成对于现成的(由教师所指明的)明确程式的机械记忆和应用,而应是一个以(学习者自身的)理解为基础的主动的建构过程.另外,建构主义观点同时也为我们如何搞好数学教学指明了切实的努力方向:教师在"备课"时面临着一个"三重的"建构任务,即必须按照教学对象、教学内容和教学环境这三者的具体情况组织教学.由于教学环境十分清楚地表明了教学活动的能动性质,特别是"教无定法",从而教学活动也就不能被归结为对于某种"教学程式"的机械执行.

综上所述,我们从数学思维的内涵、数学教育目标和教学思想这些方面揭示了"机械论"观点的错误性.更为一般地说,计算机时代向人们提出了新的挑战,即我们应当更为自觉地抵制和反对各种机械论的观点.

注 1 还应清醒地看到这种工作的困难程度,而这在相当程度上是与思维的整合性及动态性质直接相联系的.正如 P. Churchland 所指出的:"一言以蔽之,困难之处在于……对于一个类似人类所有的世界的整体知识,我们还没有解决一个难题:如何表征与储存这么巨大的知识库,并有可行的抽取与操控的方法.我们甚至还没法解决如何获取这么全面大量知识的问题：如何生成、修改整个概念架构，如何消除概念架构，以用新的比较精确的架构来代替；如何评估这些架构，以认定其是否显示真相或有误导性，是正确还是错误. 所有这些都还是我们完全不了解的，而人工智慧学也几乎没能顾及这些问题."[14]

注2 如果从更大的范围进行分析，我们在此还应明确地强调数学教育的文化功能[15]. 但是，作者又认为，数学教育对于人们文化素养的提高并不能仅限于空洞的说教，而必须通过具体的数学教学，特别是通过帮助学生学会数学思维才能实现. 也正因为此，后者可被认为是数学教育的基本目标.

参考文献

[1] 梁之舜. "头脑编程"与数学教育[M]//严士健. 面向 21 世纪的中国数学教育. 南京：江苏教育出版社，1994

[2] 张奠宙，丁尔升，李秉彝，等. 国际展望：90 年代的数学教育[M]. 上海：上海教育出版社，1990.

[3] 吴文俊. 数学教育现代化问题[M]//21 世纪中国数学教育展望课题组. 21 世纪中国数学教育展望. 北京：北京师范大学出版社，1993.

[4] [荷兰]弗赖登塔尔. 作为教育任务的数学[M]. 上海：上海教育出版社，1995.

[5] 吴文俊. 数学的机械化[J]. 百科知识，1980(3).

[6] 吴文俊.《〈九章算术〉及其刘徽注研究》序言[M]//李继闵.《九章算术》及其刘徽注研究. 西安：陕西人民教育出版社，1990.

[7] 郑毓信. 数学思想、数学思想方法与数学方法论[J]. 科学技术与辩证法，1993，10(5)：1-6.

[8] 郑毓信. 问题解决与数学教育[M]. 南京：江苏教育出版社，1994.

[9] 张奠宙，等. 数学教育学[M]. 南昌：江西教育出版社，1991.

[10] 徐利治，王前. 数学与思维[M]. 长沙：湖南教育出版社，1990.

［11］ 罗杰·彭罗斯.皇帝新脑［M］.长沙:湖南科学技术出版社,1994.

［12］ 乐国安.对现代认识心理学理论问题的争论［J］.自然辩证法通讯,1995(4).

［13］ 郑毓信.数学教育哲学［M］.成都:四川教育出版社,1995.

［14］ Churchland P.物质与意识［M］.台湾:远流出版公司,1994.

［15］ 徐利治,郑毓信.现代数学教育工作者值得重视的几个概念［J］.数学通报,1995(9).

谈谈我的一些数学治学经验[①]

我出生在长江之滨,很喜欢苏轼的诗句:"哀吾生之须臾,羡长江之无穷."看来这诗句隐含有劝人珍惜年华、努力向上之意. 在正常情况下,从事数学职业者一般还算是比较长寿的. 例如从数学史书上可以看到,19—20 世纪的众多数学家的平均寿命都在"古稀年龄"之上.

积半个世纪的数学教学与科研工作经历,我的个人经验可概括为五句话:一是培养兴趣,二是追求简易,三是重视直观,四是学会抽象,五是不怕计算. 最后要说的是,数十年来我真正体验到了两条客观规律,即"兴趣与能力的同步发展规律"和"教、学、研互相促进的规律". 我认为这些规律理应成为现代认知心理学和科学方法论中值得探讨的规律.

下面谈谈个人的一些经验与体会.

1 培养兴趣

我把培养兴趣置于首要地位,因为兴趣有助于集中注意力、活跃思想,并能助长克服困难的勇气和毅力. 要想有成效地学习和研究数学,非要有兴趣不可.

记得我上初级小学时,对算术一点兴趣也没有,速算测试成绩也较差. 到了高小阶段,有一段时间忽然对"鸡兔同笼"等问题产生了好奇. 有一天,我伯父拿听来的一个"怪题"来考我:"100 个和尚分 100 个馒头,大和尚 1 人分 3 个,小和尚 3 人分 1 个. 问有多少个大和尚

---

①原载:《数学通报》,2000(5):0-3. 收入本书时做了校订.

和小和尚?"我利用学到了的鸡兔同笼问题的推理方式,居然得出了有 25 个大和尚与 75 个小和尚的正确答案,伯父很是赞许. 自此以后,我就特别喜欢求解算术应用题,开始学到了用算式表达事物间简单数量关系的能力. 这种能力其实也可以看作最低层次的"数学建模能力".

后来我读了师范学校,买到一本陈文翻译的《查理斯密斯大代数》,对书中的级数与连分式、排列与组合、或然率论、初等数论和方程式论最感兴趣. 还做了一些难题和怪题,觉得十分高兴和自豪. 与此同时,我还津津有味地读了一本引人入胜的《数学家的故事》(章克标,开明书局). 就这样,我开始热爱起数学来了. 但当年丝毫也不敢设想成年后能靠搞数学来吃饭. 直到后来有机会进了西南联合大学,才把尔后搞数学选择成为自己的人生道路.

上述个人经历,使我明确地认识到,兴趣和才能是互相促进的. 而兴趣的培养和发展,最有效的途径就是要多读些富于启发性的数学史书和数学家故事,还要经常保持做些有趣题目的习惯. 我认为成功的数学教师,应该经常能向他或她的学生讲讲数学家的有趣故事,还要能做到像 G. Pólya 所主张的,"好的数学教师要保持做题的好胃口."

我想,时至今日,谁也不会主张在小学和中学里多搞些难题和怪题,特别不应把难题怪题用作考试题目. 但是为了激发青少年的好奇心和兴趣,也为了帮助他们增长智慧和才能,在教学中有选择地采用少量有趣怪题(例如,著名的"鸡兔同笼问题"等)也是未尝不可的.

2 追求简易

1948 年,我在清华大学做助教时期,有一次听完陈省身先生的讲演后,记得他曾向我们几位青年教师介绍了欧洲一位数学大师的名言:"数学以简易性为目标"(Mathematics is for simplicity). 当年我对这句名言体会不深,主要是对"简易"这个词的真实含义理解不透.

那时候我讲授初等微积分课程,逐渐领悟到作为微积分核心基石的"微积分基本定理"——Newton-Leibniz 公式——在原理上是十分简明的,在方法上又是易于操作的. 这样既简明又易于操作的公式不正表明"简易性"的特征吗?

后来我又读了一些有关"微积分发明史"的资料,得知 17 世纪 60 年代前,人们为了处理各种各样的无穷小量求和问题,曾走过漫长而艰辛的道路. 而 Newton-Leibniz 公式的提出,才把许多复杂艰难问题的求解过程,统一于一条简易的基本定理. 这也说明,微积分的创立正是以"简易性"目标的实现为标志的.

有位朋友告诉我,中国古代的《易经》已对"简易"一词做了很好的解释:"易则易知,简则易从."意思是说,简单的原理易于明白,容易操作的东西便于应用. 事实上,数学上许多有价值的理论和方法以及重要的定理与公式,基本上都是具有简易性的科学成果,而简易性(或简单性)也是数学美的特征.

在长期的数学工作实践中,我总是不忘记对简易性成果的追求. 一般说来,对于感兴趣的问题,我总是希望努力把它简化到不能再简单的程度,然后对简化了的问题再努力寻找简易解答. 这些努力未必总是成功. 如果失败了,则凭着对问题的浓厚兴趣,我还将另觅出路,继续前进. 在指导青年学生做科学研究时,我也总是强调首先要学会化难为易、化繁为简的本事. 当他们取得了简易性的数学结果时,如果真是优美而有用,我就会以"漂亮成果"一词作为赞许.

对待数学教学,包括编教材和讲课,我也喜欢以追求"简易"为目标. 这一点,多半是受了我大学时代老师华罗庚先生的影响. 记得在我大学毕业后担任华先生助教时期,他曾告诉我:"高水平的教师总能把复杂的东西讲简单,把难的东西讲容易;反之,如果把简单的东西讲复杂了,把容易的东西讲难了,那就是低水平的表现. "有时候,我也曾听说过有些数学教师为了在学生面前卖弄学问,故意把容易的东西讲难了,把简单的东西讲复杂了.

华罗庚先生的教学法观点实际是和 G. Pólya 的数学思想不谋而合的. 我个人认为,今后全国大、中、小数学教学的改革事项中,无论是教材内容改革或教学方法改革,应和数学发展的总的目标要求相一致,即必须以"追求简易"为目标.

3　重视直观

无论是从事数学教学还是研究，我是喜欢直观的. 学习一条数学定理及其证明，只有把定理的直观含义和证法的直观思路弄明白了，我才认为真正懂了. 例如，当年我以好奇的心情学习 Weierstrass 著名的连续而处处不可微的函数时，经过一阵耐心的深沉精微的思考之后，才真正弄明白函数结构设计的直观背景和证法的基本思路. 由类似思路，不难构造出任意多的具有不同形式的连续不可微函数的例子.

在科学研究中，我也常常借助于由经验获得的直观能力，以猜测的方式探索某些可能取得的成果. 当然，失败的经验也很多. 这里我乐于谈一个我取得成功的例子.

1964 年，我在吉林大学任教期间，一度对超越方程求实根问题产生了兴趣. 研究目标是希望能找到无须估算初值的"大范围收敛迭代法". 求解高次代数方程的实根已有这种性能的迭代法，即著名的 Laguerre 迭代过程.

我联想到 Euler 在寻求著名的级数和

$$\sum_{n=1}^{\infty} \frac{1}{n^2} = \frac{\pi^2}{6}$$

时，曾经把正弦函数的幂级数展开式大胆地看成无限次多项式，从而通过类比法得到了正弦函数的因式分解的无穷乘积公式. 最后把乘积展开，与幂级数三次幂比较系数，成功地解决了 Bernoulli 的级数求和难题，求得了级数 $\sum_{n=1}^{\infty} \frac{1}{n^2}$ 之和.

Euler 的思想方法给我的重要启示是，一定条件下幂级数可以看作次数为无穷大的代数多项式. 这使我联想到 Laguerre 迭代公式中的参数 n（即所论代数方程的次数）应能令它趋向于 ∞ 而获得适用于超越方程的迭代方法. 再由观察立即看出于 $n \to \infty$ 时 Laguerre 迭代公式仍继续保持合理意义，而且形式更简化了. 这样，我便猜到了一个可用以求解超越方程的大范围收敛迭代法. 最后，应用整函数论的 J. Hadamard 因式定理，果然证明了上述方法的大范围收敛性.（此项结果发表于 1973 年《美国数学会通讯》摘要栏.)

上述研究给我的深刻印象是,由类比联想引发的直观与猜想有时真能成为发现新成果的源泉.因此,我始终热心地提倡数学工作者和数学教师们,值得花足够的时间去研读 G. Pólya 的三本名著,即《数学中的归纳和类比》《数学的发现》与《合情推理模式》.

一般英文辞典中,常把 intuition 译作直觉、直观,足见直观与直觉两词的含义会有不少相通或相同之处.但在数学中,我宁愿把“直观”一词解释为借助于经验、观察、测试或类比联想,产生的对事物关系直接的感知与认识.例如,借助于见到的或想到的几何图形的形象关系产生对数量关系的直接感知,即可称为“几何直观”.我在本文中要强调的观点是,有作为的数学工作者与教师都应重视数学直观力的培养与训练.

4　学会抽象

许多现代数学家都倾向于承认数学是研究模式(patterns)的科学.关于模式的原始观念可追溯到 Plato,我个人也相信数学是以理想的量性模式作为研究对象的.这里所谓的量性模式或称数学模式泛指反映事物关系(包括空间形式与数量关系)的纯粹形式结构.这种纯粹形式结构必须是科学抽象的产物,所以理应具有概念上的精确性、简易性、逻辑可演绎性与普适性.例如,自然数列$\{1, 2, 3, \cdots, n, \cdots\}$是反映离散事物顺序计数的数学模式,微积分学是反映变量计算规律的一个大型数学模式.当然,数学中的每一条公理、定理、公式、典型的计算方法或程序,以致成型的推理法则(如数学归纳法、超穷归纳法以及 Cantor-Hilbert 对角线论证法等),也都是或大或小的数学模式.

前面第 2 节我们已谈论到数学是以追求简易性为目标的.可是数学模式的简易性要求正是由概念方法上的统一性与概括性(普遍性)来体现的,而这又必须通过抽象过程来实现.换句话说,抽象是达到数学模式简易性目标的必要手段和过程.因此,时刻要与数学模式打交道的数学工作者与青年教师都有必要及早领会和学会数学抽象的方法及技巧.

其实,只要仔细考察分析数学上一些较典型的抽象定理及其众多的具体特例,都会发现它们是从特殊到一般、从具体到抽象的产物. 我自己就是遵循这样一条观察分析的学习途径去获得数学抽象的基本技能的.

　　一般说来,数学抽象包含四个步骤,即(Ⅰ)观察实例,(Ⅱ)抓住共性,(Ⅲ)提出概念,(Ⅳ)构筑系统或框架(理论). 下面作为解释四个步骤的例证,我来谈谈当年我是如何想到去提出"关系(relation)—映射(mapping)—反演(inversion)原则"的. 这原则也是一种普遍方法,可简称为 RMI 原则或 RMI 方法. 国内研究方法论的学者的一些论著中,都已认可和使用了这一名称.

　　大约在 1980 年,我曾在国内三所大学讲授"数学方法论",很喜欢向学生们介绍"Koenigsberg 七桥问题""Fibonacci 数列计算问题""Laplace 变换求解微分方程"等问题的思想方法. 在准备讲稿时我很自然地意识到这些问题虽然形貌各异,但解决问题的核心思想却是相同的,即都利用了某些(包括广义的)映射与逆变换概念.

　　进一步的联想,还使我想到了诸如初等数学中的对数方法、解析几何方法、概率论中的特征函数方法、组合分析中的发生函数方法、偏微分方程论中的 Dirichlet 原理,甚至 H. Poincaré 与 F. Klein 在欧氏平面上构筑非欧几何模型的思想方法,本质上也都是各种映射(变换)与反演(逆变换)方法的具体实现.

　　正是对上述实例的共性有了全面的了解,才使我能够使用数学语言来表述如下一系列普遍概念:"关系结构"(记为 R),"未知原象"(记为 $\underline{x}$),"映象结构"(记为 R^*),"未知映象"(记为 $\underline{x^*}$),"可逆可定映映射"(记为 U),"定映方法"(记为 ψ),"已知映象"(记为 x^*),"反演"(记为 φ^{-1}). 于是作为普遍解题模式的 RMI 方法即可表述成如下程序:

$$(R,\underline{x})\xrightarrow{\varphi}(R^*,\underline{x^*})\xrightarrow{\psi}(x^*)\xrightarrow{\varphi^{-1}}(x)$$

这里的 x^* 与 x 即表示通过 ψ 与 φ^{-1} 两个步骤所求得的映象与原象〔即问题 $(R,\underline{x})$ 所要求的解答〕.

　　当然上面提到的各个著名问题与重要方法都属于上述一般 RMI 方法的特例. 例如,在解常微分方程初值问题的拉氏变换法中,常系数微分方程与初值条件形成关系结构 R，而 $\underline{x}$ 便是要求的解函数. 作为映射工具的 φ 是拉氏变换，φ^{-1} 便是逆变换. 在拉氏变换下映象结构 R^* 往往成为代数方程组，于是通过代数方法将解 x^* 求得后，再对 x^* 施行逆变换 φ^{-1} 便求得解函数.

又如在 Koenigsberg 七桥问题中，桥与岛及陆地的连接关系做成关系结构 R，而能否一次通过七条桥的问题成为未知原象 $\underline{x}$. Euler 将桥抽象成为线，将岛与陆地抽象成为点，从而 R 变为点线图 R^*，这一过程可称为"概念映射"φ. 在这一映射下，七桥问题(R，$\underline{x}$)即变换成一笔画问题(R^*，x^*). 于是通过一笔画交点特征分析法 ψ 得知一笔画问题之不可能性的答案 x^*. 由于 φ 具有逆映射 φ^{-1}（即可由抽象返回具体），故结论便是一次通过七桥是不可能的（此即答案 x）.

一般说来，凡能使用有限多次 RMI 方法就可获得解答的数学问题即称为"RMI 可解问题"，而所需次数称为可解问题的"阶数".

拙著《数学方法论选讲》(1983 年)中有专章论述 RMI 方法并有一批应用实例，感兴趣的读者可以查阅（该书新版已在 2007 年问世，书名为《数学方法论十二讲》，大连理工大学出版社）. 非常巧合的是，同在 1983 年，美国数学史专家 H. Eves 在其《数学史上的里程碑》(*Great Moments in Mathematics*) 一书中，也在一章里描述了 RMI 思想方法，但该章主题是论述解析几何发明史，而未将 RMI 抽象成为普遍的方法论原则. 当然，H. Eves 的著作是很富于见解的.

上面借助例证说明了"从特殊到一般"的一般性抽象方法. 事实上，在数学研究中，有时为了深化数学研究内容，扩大数学应用领域，还常常要在一般性的数学结构上，利用引入新特征（新概念）的办法得到更有深刻而丰富内涵的新结构或新对象. 这种"从一般到特殊"的概念深化过程称为"强抽象".

例如，在连续函数类上引进"可微性"概念便得到了可微函数类，显然后者在结构上比前者更特殊化了. 但如果没有这种抽象特殊化，又怎能产生微积分学呢？又如，如果不在一般的 Banach 空间上引进"内积"概念从而导入更有深刻内涵的 Hilbert 空间概念，怎能使泛函分析成为现代物理科学中的重要工具呢？数学上许多著名例子使我们认识到强抽象是理论研究中最富于成果的数学抽象过程，所以我认为数学工作者理应特别重视"强抽象".

强抽象的关键是把一些表面上不相关的概念联系起来,设法在其中引进某种关系或"运算",并把新出现的性质作为特征规定下来,从而构造出新的数学结构或模式.这种抽象法则可称为"关系定性特征化法则",凡是精通这一法则而又有深厚具体应用背景知识的数学家往往能由此做出创造性的贡献来.因此我认为凡希望对数学做出创新成果的青年数学工作者,应努力学会正确运用"关系定性特征化法则"去构筑有价值的数学新结构或新模式.

5 不怕计算

不怕计算可以说是我在长期数学工作中养成的一种性格或习惯.我在小时候是不喜欢做算术计算题的,甚至对复杂的计算很害怕.后来,学了中学代数和三角学,学会把复杂的式子化成最简式,感到是一种愉快.有时看到或得到一些很有规律的对称式,很觉高兴.

我相信,人人都有爱美之心.而数学结构形式(包括公式与各种关系)间的简单性、规律性与对称性等正好是美的特征,所以我开始喜欢计算并学会计算,大概与我喜爱"数学美"的天性有关.

在以往的数十年里,我从事计算数学的方法与理论研究,更是时时与分析计算打交道,这样就培养了对计算的兴趣和耐心.我很喜欢从复杂的计算过程中寻找规律,寻觅最简洁的结果,有时候意想不到的简单结果会带给我极大的乐趣.

例如,20 世纪 60 年代,我最感兴趣的一个工作是,我发现在最一般形式的"快速振荡函数积分"的渐近展式中居然出现重要的积分因子——Bernoulli 多项式.这一结果是通过一系列计算后发现的.包含这一结果的文章发表于 1963 年(参见:*Proc. Cambridge Phil. Soc.*,1963,59).说来奇怪,时过 24 年后美国三位学者的合作论文又重新发表了我的结果的特例(参见:V. Banerjee, L. Lardy, A. Lutoborski. *Math. Comp.*,1987,49).

计算能帮助发现规律,发现漂亮的新结果,这些正是推动人们耐心地从事复杂计算的心理动力.根据我个人的学习与工作经验,我赞成利用青少年的爱美天性和寻求新结果的好奇心,配以启发性的教材，让他们不怕计算，学会计算，并能从计算中寻找乐趣.

最后，我想谈的是，我一生中的绝大部分数学知识实际是通过自学和教学工作获得的. 在大学毕业时，我连什么是 Lebesgue 积分，调和分析研究些什么，什么叫作 Banach 空间，什么是群论中的 Galois 基本定理，如此等等均一无所知. 后来，由于教学需要，我曾先后讲授十七门数学课程，通过自学与教学才逐步弄明白许多数学分支的重要题材，甚至有些靠自学得来的知识还成为我写作论文的基础. 因此在长期的数学生涯中，我深切体会到"教、学、研相互促进的规律". 在这里我乐意将这条规律——指导我成长的一点经验——介绍给我国的年轻数学工作者.

西南联大数学名师的"治学经验之谈"及启示①

　　西南联大是由北大、清华、南开三所大学,在抗日战争年代迁移到昆明时,联合而成的大学.那是一所名师云集的高等学府,曾在艰难的8年(1938—1946)岁月里,培育出许多英才,他们在各个学术领域里分别做出了重要贡献,其中居于世界级的人物也为数不少.因此西南联大曾被海内外人士喻为"藏龙卧虎"之地.

　　我有幸于1941—1945年进入西南联大数学系学习.当年即闻知校中有"数学三杰"——华罗庚、许宝騄、陈省身三位教授.他们分别从英国、法国留学归国,锲而不舍地从事数学工作,虽然都很年轻,但都很有成就,而且也都在昆明熬过了清苦艰难的岁月.

　　数学三杰的数学贡献是属于世界级的,所以后来德国著名的斯普林格(Springer)出版社曾相继出版了华罗庚(1910—1985)、许宝騄(1910—1970)、陈省身(1911—2004)的数学文集.当年教师中还有一位后起之秀——钟开莱(1917—2009),后来成为国际著名的概率论专家,对马尔可夫链、随机过程论做出了杰出贡献.现在是美国斯坦福大学的终身名誉教授.

　　在大学时代,我曾学习了华先生、许先生和钟开莱先生开设的四门课程.后来又和这三位老师有过多年的接触联系.所以这篇回忆录似的文章,主要是介绍华、许、钟三位有关治学的"经验之谈"和某些学术观点及科研与教学风格,还要谈到他们对我的影响.

　　中国数学会与北京师范大学合办的《数学通报》专设"寄语数学青

――――――――――――
①原载:《数学教育学报》,2002,11(3):1-5.收入本书时做了校订.

年"一栏,曾邀我写过一篇"谈谈我的一些数学治学经验"的文章,载于该刊 2000 年 5 月号. 在这篇文章中,我曾写道:"积半个世纪的数学教学与科研工作经历,我的个人经验可概括为五句话:一是培养兴趣,二是追求简易,三是重视直观,四是学会抽象,五是不怕计算."后来,2001 年,我在中山大学、浙江大学给研究生们讲演时,还补充了一句话:"六是喜爱文学."

事实上我的上述经验,正好反映和证实了西南联大名师对我的启示和教益所起的作用.

华罗庚先生丰硕的学术成就和贡献,已有不少著作和纪念性文章介绍过. 尤其是王元著《华罗庚》一书,对华先生在诸多数学分支中的卓越成果已有极为详尽的论述.

这里我只想从宏观的角度来谈一些华先生的主要治学经验和他的各种有关观点以及教学与科研风格.

我学过华先生讲授的"数论课程"和"近世代数课程". 他的讲课姿态很灵活,虽然腿脚不灵,却喜欢在黑板前边走来走去. 他在黑板上写字不多,而很注重讲问题的来龙去脉和论证思路,有时也穿插讲点小故事. 他爱讲的一句话是"卑人之无甚高论"(意思是,他所论证的数学真理其实质是平庸无奇的),所以听他讲课对我来说是一种愉快的享受.

华先生并不看重考试,他教我们这两门课程时一次考试也没有. 当然,学生对他这样的老师是由衷欢迎的. 但他要求我们做一批他所指定的习题,最后根据做题的表现打分数,定成绩. 这样,无疑体现了对大学生的学习主动性与自觉性的尊重和鼓励. 我想,正因为华先生本人是自学成才的,所以他看重人们的主动自觉性也就是自然的了.

华先生讲课的主要特点是,他总是尽力把题材化繁为简,化难为易,有时还对一些数学定理及其证明的妙处赞叹几句. 我担任他的助教(助手)期间,他曾对我说过:"高水平的教师总能把复杂的东西讲简单,把难的东西讲容易;反之,如果把简单的东西讲复杂了,把容易的东西讲难了,那就是低水平的表现."这些话曾是我从事数学教学工作的座右铭,因而能使我过去数十年间一直享有"善于讲课"的美名.

华先生具有爽朗直率、坚持求真的性格. 记得有一次他讲近世代数课时,对大家说,他在这次步行来校的路上,才真正想通了"Schur引理"的妙处.一位著名的数学教授,竟能在学生面前无保留地表白对一个著名定理的理解过程,真使大家更加敬重他的坦诚性格和求实精神.

凡是自学成才者,常常有独到的经验和体会,华罗庚先生就是这方面的一个典型.

他的治学经验之一,就是他所强调的搞学问必须有"看家工夫".据他所说,他有扎实的看家工夫主要是因为学习了三部著名的经典著作:一是 Chrystal 的《大代数》;二是 Landau 的《数论教程》;三是 Turnbull Aitken 的《标准矩阵论》.从这些经典著作中他学到了计算技巧、分析功底和创建"矩阵几何"的基本工具.

20 世纪 50 年代前曾任清华大学数学系主任的段学复教授对我说过,据他所知,华先生在青年时代精读 Landau 的数论巨著,共做了6 大本笔记,可见其功夫之深.《标准矩阵论》这本老书,曾由华先生传给了早年助教闵嗣鹤先生,后来又由闵先生传给了我,至今还保存在我家.从这本颜色发黄的老书中,还可以看到当年身为名教授的华罗庚曾做过书中习题的痕迹.

"直接攻读名家原著才能最有效地学到看家本事",这也是 19 世纪初叶欧洲杰出数学家 Abel 曾表述过的经验和见解.显然华先生成功的经历与 Abel 的成才经验及见解是完全一致的.正因为名家的原著往往包含一系列创作原始思想,并表述原始创作过程,所以名著最能启发和诱导青年学子走向成才创新之路.

华先生的治学经验之二,就是他常说的"读书要从薄到厚,再从厚到薄".所谓从薄到厚,是指读数学书一定要做题,要在笔记中补充书中的不足之处,要补足定理论证的缺陷等.这样就好像"把薄书读成厚书了".他还强调要把书中的内容要点和论证关键提炼出来,使之成为直观上一目了然的东西.这样就会觉得书的题材内容之精髓部分只是很少一点儿,而需要存入头脑记忆库的也就是这一点儿,于是也就把厚书读成薄书了.

"做科学研究就怕出错",但是华先生却认为,从事探索性创作研究过程出差错并不可怕.他说:"只有庙宇里的菩萨一事不做才永不出差错."这和法国分析学大师 J. Hadamard 的观点见解不谋而合,真是英雄所见略同. J. Hadamard 在其所著《数学领域中的发明心理学》一书中写道:"在数学中我们不怕犯错误,实际上错误是经常发生的.""就他自己而言,所发生的错误往往比他的学生出现的错误还多.但由于他总是不断地加以改正,故在最后的结果中,就不会再留有这些错误的痕迹."

事实上,数学创造性研究往往要经历"猜测—不断试证—不断纠错—确证真理"等步骤,所以杰出的数学家都有雷同的经验和见解也就不足为奇了.

在我担任华罗庚先生助手期间,还未能体会到他的科研工作的方法、特点,后来我自己也成为教授了,科研工作也有些经验了,通过回忆反思,才理解到当年华先生的工作方法实际是和著名数学家 Euler、Gauss、H. Poincaré 十分相似的.他们都重视计算、观察、归纳和分析.事实上,华先生曾不止一次地向我谈到过 Gauss 和 H. Poincaré 如何看重归纳法在发现真理中的作用.他曾说过:"只有对具体特例分析清楚了,才能真正理解普遍定理的来源和实质.数学上许多抽象形式的普遍命题往往是通过诸特例的共性分析,再由概括论证建立起来的."

归纳法发现真理,演绎法(论证)确立真理.可以说华先生当年的许多科研成果也必定是通过这种方法途径取得的.

华先生还很强调"联想"在数学创造性研究过程中的作用.这里讲一个真实故事.1946 年春,云南省发生"昆明事变"之后不久,我去昆明郊外华家探望时,华先生见到我就对我说,昆明城区响了几天枪炮声,他只好闭院不出门,天天在院子里躺在帆布床上仰望天空,观赏一片片白云变幻,忽然使他联想到一个美妙的数学新思想,真是一大收获云云.当时他正研究矩阵几何中的矩阵变换问题,但他并未谈论细节.我知道那个时期是他科研的高产时期,每年都有不少佳作寄往美国发表.他的好友徐贤修先生曾从美国来信告诉他,已见他一年里在美国发表多篇论文,总页数多达一百数十页.

上述故事容易使人联想到宋代文豪欧阳修.欧阳修曾说过,他的佳作都是"三上文章",那就是在"马上""厕上"和"枕上"产生灵感后创作出来的文章.如此说来,华先生的某些佳作也可称之为"枕上文章"了.

我在西南联大的最后两年,陈省身先生已去了美国,所以无缘听到他讲课.后来抗日战争胜利了,我到清华大学任助教,有机会旁听了陈先生开设的"拓扑学"课程.课后,他常和我们几个青年教师闲谈,有一次他引用欧洲某位大数学家的名言,说"Mathematics is for simplicity"(数学以简易性为目标),当时我对"简易性"一词还不甚理解,很想真正弄明白它的真实含义.很幸运,那时我已教过两遍"初等微积分",开始领悟到"微积分基本定理——Newton-Leibniz 公式"之原理的简单性、表述的简明性和应用上的可操作性,我想这些不正显示了数学模式的"简易性(或简单性)"特征吗?

后来我又读了"微积分发明史",更进一步懂得了"简易性"正是数学发展过程中所追求的主要目标.另一方面,数学作为科学语言和解析工具,还使得其他各门科学变得简单化.这样就从内外两方面想通了上述名言的含义.

事实上,数学简易性意味着"规律性、协调性和形式上的统一性".这些都是符合人的"美感"要求的.美学专家甚至指出"简易性是美的标志".J. Hadamard 发展了 H. Poincaré 的"数学发明心理学",已阐明了美的意识与人脑创造性思维活动的深刻联系.由此看来,追求简易性的意愿还有利于激发创造发明的心智能力.

如果说,以往我能对数学科研与教学工作做了一些贡献,那么就必须归功于"数学以简易性为目标"这句名言对我的深刻启示.

西南联大时代,数学系许宝騄先生给我们开设了"微分几何"课程.第一次上课许先生就对我们说,微分几何不过是微积分的一种应用而已,而主要工具是泰勒级数展开,再用一点儿初级代数计算.这些话多少曾对我产生了"负面影响".其实,这正是反映了许先生所主张的"良工示人以朴"的教学观点,也和华罗庚先生常爱说"卑人之无甚高论"的观点一致.

许先生和钟开莱先生一样,在教学中特别强调"直观地理解数学"的重要性.他们都主张要把数学定理及其证明的"原始思想"告知学生.虽然不见得每堂课都能做到这一点,但他们总是殷切地期望学生能从直观上领悟数学命题的来龙去脉.其实,这样做也有助于培养创造发明才能.

对待教学与科研,许先生很有独到之见,他有一些名言在学生中流传很广.他曾说:"教出状元来的老师是值得尊敬的,至于做状元的学生那就没有什么了."关于发表论文成果的事,他说:"我不希望自己的文章因登在有名的杂志上而出名,倒是希望杂志因为登了我的文章而出名."他还说:"一篇论文不能因为获得发表就有了价值,其真正价值要看发表后被引用的状况来评价."数学史上曾记述 19 世纪挪威天才数学家 Abel,因为在德国克列尔数学杂志发表了多篇论文而使该杂志名声大振.一百七十余年来这份杂志始终享有世界声誉.

现今世界上,尤其是科技发展水平不太高的一些国家的学者,往往很重视在所谓属于"SCI"类刊物被索引的文章.我国有些高等院校甚至对教师在这类杂志上发表论文给予高额金钱奖励.他们不知道收录进"SCI"的杂志并非全按纯学术水准来收定的,而且每一种杂志上刊登论文的质量也有"优、良、中、可"等区别.怎么能不加区别地就一律给予金钱奖励呢?至于科研论文成果的客观现实价值未经检验就给予立即奖励,这岂不带有很大的盲目性吗?我在中年时代就在国外知名刊物发表了不少论文,但数十年来还一直能被国际学者多次引用的,实在为数寥寥,不过数篇而已.诚所谓"文章千古事,得失寸心知."由此反思,还是觉得许先生的至理名言是有深远指导意义的.现今有些院校的领导出于好心,很想用"金钱奖励法"激励青年学子多出论文,重奖被"SCI"等检索性刊物收录了论文的作者,这样做是否真正有利于产生高素质人才和成果,恐怕是值得商榷的!

有一次许宝騄先生和我谈到了英国分析学大师 Hardy 和德国大数学家 Hilbert.他认为一个大学数学专业学生,如果不知道 Hardy 的贡献是并无损失的,但是如果不知道 Hilbert 的重要贡献那就说不过去了.事实上正如大家所知,物理学领域的"量子力学"的理论基础的建立,必须应用 Hilbert 空间算子理论.在变分法和积分方程理论中也有 Hilbert 的重要贡献.

上述许先生的谈话曾促使了 20 世纪 50 年代吉林大学的数学课程建设.当年吉林大学数学系主任为王湘浩教授,我是副主任.江泽坚教授是分析数学教研室主任.当我把许先生的观点告知王、江两位后,我们三人便一致同意要为数学系高年级学生讲授"希氏空间理论"课.就这样,我们通过教学相长的途径也使自己学会了在大学时代尚未学过的东西.钟开莱先生在西南联大时代开设了"概率论"课程,我带着浓厚的兴趣学了这门课,获益颇丰.

1944年前后,华罗庚先生曾应邀去重庆解决关于日军军用密码的破译问题.华先生以其卓越的慧眼很快识破日本军部所用密码的转换工具,就是数论中的Möbius反演公式.这一令人惊喜的信息,曾鼓舞我与钟开莱先生合作写成一篇应用Möbius反演公式求解一类组合概率计算问题的短文,发表于1945年《美国数理统计年刊》.后来我自己以及与海内外合作者又发表了数篇有关广义Möbius反演的文章.饮水思源,要感谢数十年前华、钟两位先生的知识传授与启示.

数十年过去了,至今回忆起来还能清晰地记得当年得益于诸名师的指点与启示,这样的例子不胜枚举.这里我乐于简要地概述我所获得的教益(或启示):

(1)认识到追求简单规律的重要性,并以此作为研究数学的目标和兴趣出发点.

(2)学会使用直观、联想去理解数学并借此去发现问题,提出可以研究的题材.

(3)学会了重视"特例分析"、数学概括和抽象方法.由此还启发我最先提出了"数学抽象度分析法",成为现今数学方法论的研究课题之一.

(4)向华、许两位老师学到了"不怕计算"和"乐于计算"的习惯.十分乐于从计算中发现规律和提炼一般性公式.和华先生相似,我也十分重视显式构造,这正好适合我后来长期从事"函数逼近论""计算方法"与"组合分析"研究的客观要求.

(5)我对科学方法论和科学哲学以及文学的兴趣及爱好,也受到了华、许、钟三位先生的谈话启示和影响.这方面的详情细节我就略而不谈了.

现今,教育工作者都提倡青年学子要向名师学习,这是很好的.我认为最需要向名师学习的方面是,他们的治学经验、治学方法和见解,以及作为名师的求真精神与学者风范.

谈谈"一流博士从何而来"的问题^①

作者读了"一流博士从何而来——关于博士生培养的思考"一文［简称"思考". 丰捷,《光明日报》(教育周刊),2003-11-6(B1)］,感到有不少同感和共识. 确实,近年来我国已有了一大批博士生导师,并培养了大量博士. 这是有目共睹的我国高等教育发展的繁荣景象. 可是宏观地看,质量水平普遍不高,成了许多老科学家与高教界人士关注的问题.《光明日报》有上述"思考"文章的刊出是非常及时的.

当然,一流博士的产生是很不容易的. 回忆作者自己,自 1984 年来曾陆续为海内外培养了约 20 位计算数学方向的博士,事后来看,能称得上"一流博士"的到底有多少呢? 事实上,什么才是一流博士? 对此科学界人士心里还是有数的. 这里作者只想谈几点一般性看法.

(1)作者同意"思考"一文中提到的"一流的学生,三流的老师"的说法. 当然,那也是一种客观现象. 作者认为主要问题在于,许多大学为了兴办"博士点",都充分积极地利用了校内评定博士生导师的条件和机会,将一些学术根基与成就并不深厚的教师也勉强地选为"博导". 实在地说,他们中有些人本身是否有能力成为"优秀博士"也是很成问题的. 因此,为了补救,一是要广泛采用国内现已提倡的"双导师制",让博士生能有两个或两个以上的"博导"合作指导;二是要让一批知识面专而窄的"博导"(不属于科学哲学专业者),赶快学好科学哲学和科学方法论,特别要劝他们最好在科学思想发展史方面下番功夫. 否则,要想培养出高见卓识的博士,是不大可能的.

---

①原载:《数学教育学报》,2004,13(1):1-2.收入本书时做了校订.

（2）"思考"文中强调招生来源上的"选优"是对的,但最有创造性的人才未必是考出来的,也未必都能通过一般考试识别出来.科学史上已有许多例证,兹不赘述.作者认为,重视审阅候选人的"研究报告",通过专家组的当面口试,或听了报告后做出客观评价,对识别和选择人才更为可靠.

（3）不少大学都要求博士生至少发表 3 篇论文（2 篇核心期刊,1篇 SCI）.1993 年,作者访问台湾十余所大学时,闻知也有类似做法.事实上,往年作者对博士生也一贯有类似要求.但事后一想,这未必合理.如学界所共识,海内外任何知名学术刊物上发表的论文都会出现优、良、中、可等不同水平,甚至著名刊物上出现错误论文的现象也不罕见.记得国际著名的统计数学家许宝騄先生曾说过:论文不能因为获得发表就认为有了价值,而要看发表后被引用的状况才能判别其价值.作者认为博士生创作的一些论文投稿给国内外的知名学术杂志后,收到了比较认真客观的各种评审意见,倒是应予认真考虑的.如真能做出有重要价值的论文,一篇就够了.

（4）从科学史上可以看到,凡做出原创性大贡献的科学家,往往是文理兼通的人物.显然,作为人文素质所必需的文、史、哲基本修养应是任何专业一流博士不可或缺的.所以,作者很赞同"思考"文中所引清华大学博士生导师李子奈教授的说法,理想的博士生要有哲学基础、知识基础、方法论基础、能力基础和文化基础.作者认为,特别是科学思想史与科学方法论应成为博士生的学习科目.凡有独立工作能力的博士生完全能自学这些科目,并从中获取深刻的启示和智慧.

（5）创新与自由相随相从.要培养有创新精神的一流博士,就要充分珍重和爱护博士生的"自我发现"与独立形成志趣的价值.因此,无论在研究方向上,还是在导师与课题选择上,博士生都应有其体现个性、自由选择与发展的广阔空间.在做博士论文的过程中,要鼓励出访,博采众长,以扩大视野,提高水平.

在"攻博"年限上最好也要有些弹性,既容许提早半年也可以推迟半年或一年,甚至应容许推迟 1—2 年后再进行论文答辩也无不可.

（6）要提倡博士生养成广泛阅读科学史与科学名人传记及深入钻研名家原创性名著的兴趣和习惯.这对激励志趣,"取法乎上"会大有益处.记得 20 世纪 80 年代初期,作者曾让研究生每人买了一本《希尔伯特传》,并指定为课外必读书.时隔多年,当作者遇见已经取得成就的当年的学生时,他们还说,许多年来每当他们创作论文时,总还忘不了 Hilbert 传记中的思想启示与教导,这对选题与创作方法一直具有潜在的指导作用.

最后,笔者希望针对本文所述(1)再补充几句.为了实际需要,现今国内已有大批中青年"博导",这是很有生气的现象.但任重道远,显然有不少年轻博导本身的学识与功力还面临着急需充实提高的问题.自然,他们都会乐于同有才能的博士弟子共同学习研究而提高.

一般说来,特别是从数学科学领域来看更为明显:仅停留在极为专业化的技术性层面,指导有相当能力的博士生,在数以百计的海内外专业刊物上发表些非原创性(但具有一些改进性或拓广性)的专题论文,实际上是并不困难的,而且按照一套已成型的模式做下去,还不难累积属于 SCI 的篇数.但是这样一来,却未必真能培育出一流博士来!因此,尽可能从战略观点看,我在(1)中才特别提出,为创建能培养具有创新思想的一流博士的环境和条件,博导本身在科学思想史与方法论水平上就有急需充实和提高的任务.事实上,只有一流的博导才有可能培养出一流的博士来.

以上作者谈了一些个人看法,很不全面,希望能够有助于引起关注这类问题的科技教育界与数学界人士共同探讨.

大学应重视"精神性存在"的作用和价值①

　　大学为了培育高层次人才和不断创造出高水平的文化科研成果，一切必需的物质建设及其规模条件等，显然都居于"物质性存在"范畴．但是还有另一重要方面，即大学必须拥有和体现它的"精神性存在"，才有可能保证它对国家、社会和人类，经久不断地做出重要贡献，这里我所说的大学精神性存在，其含义是较广的，包括一所大学所能拥有的名声、历史、传统、学术贡献、专业特色、学科特长、学术出版物、人才成果、校风校训，以及校友中已经产生的名流大师及其著作的思想影响等．可以说，这里所述及的一切就构成了大学精神性存在的总和．

　　最近中国科学院两位数学史专家写了一篇关于我的"访谈录"②．文章末节我曾以英国剑桥大学为例，说它长期积累的"精神性存在"的财富，是使得它成为众多诺贝尔奖获得者的摇篮的无形力量．事实上还不难由此类推，该大学文、法、理、工诸领域的高素质人才辈出，也大都与该校精神性存在的作用影响有关．对高等教育史有兴趣者如果对此做番调查研究，相信必定会有收获．

　　所以，重视和扩展大学"精神性存在"的作用和影响力，应是促使"出人才，出成果"的一个重要条件，而且后者与前者会形成良性循环．（过去数年里，国内不少大学竞聘长江学者、专家、院士等，旨在扩大名声、提高学校地位或争取更多资金，本意是积极的，但总体看来，似乎

　　①原载:《中国教育改革》,2005,59(4).
　　②郭金海,袁向东.徐利治从留学英国到东北人民大学数学系.中国科技史料(现更名为《中国科技史杂志》),2004(4):345-361.

还没有真正抓到"重视精神性存在价值"的根本点子上。)如此说来,大学精神性存在的作用与影响问题,理应成为如何办好高等教育的一个重要问题。

自然,每一所大学的"精神性存在",都是该校长期发展积累的结果,尤其是学校的名声(联系着校名)、历史、传统等,更需要年代时间的积累。如此看来,往年我国一些高等院校的不断更名,其实违反了精神性存在的价值观念。相比之下,欧美一些历史名校,始终保持着老的校名而不改,看来还是比较有利的。

无疑,一所大学的宏伟规模,会体现出某种"物质性存在"的价值观念。但是任何一所中型或小型院校,只要办学思想中有善于正确利用自身的条件特点,努力搞出专业特色或学科特长,就会产生有特色的学术贡献和人才成果,久而久之,也就拥有光辉的历史和名声了。事实上,海内外都有许多这样的例证,此处无须列举。

近年来,我国许多高等院校在物质建设上都有显著扩展,这就更加深了人们对"物质性存在"的意识和价值观念。然而相比之下,大学精神性存在的价值观念却还没有广泛地深入人心。但是我们仍然抱有如此的信念和期盼:如果高等院校的师生和校长、院长都能学习世界文化教育发展史,充分理解和重视精神性存在的无形力量和价值,且能由此规划学校的长期追求目标与实践方针,那么必将加速我国高校水准的切实提升,从而一批高校跨入世界各类先进名校行列,也就只是时间早晚的问题了。

追忆我的大学老师华罗庚先生①

　　我曾写过两篇文章,纪念在西南联大求学时代的老师华罗庚先生.2010 年 11 月 12 日正好是华老的 100 周年诞辰,《高等数学研究》的主编张肇炽教授约我再写一篇纪念华老的文章,我欣然允诺.因为我感到还有些有关往事值得追忆,特别是我对华老的敬业精神与学术思想等方面的深刻印象,总感到在一两篇文章中是不可能谈透谈全的.

　　华老大我 10 岁,大学时代我学过华老开设的两门课程(初等数论和近世代数).1945 年大学毕业后,作为他的助教,我和华老有过较多的接触和交谈,这就让我有机会多次见到华老伏案研究数学的高度专心神态和献身学术事业的安贫乐道精神.

　　1945—1946 年,正是抗日战争胜利前后,由于货币贬值,物价上涨不止,西南联大教职员工的生活特别清苦.特别是华老一家七口,全靠华老一人的工资过活,其艰苦程度可想而知.在此种情况下,华老仍不遗余力地专心致志于数学工作,除为教课准备讲义外,还经常有论文在美国发表.有一次华老的好友徐贤修从美国写信告诉他,说已见到华老一年里在美国诸刊物发表的数学作品的总页数超过 100 页.这表明当年华老在昆明极端艰难的生活条件下,仍保持着数学研究工作的高效多产状态,也说明他对数学科研事业不辞辛苦的献身精神.这种精神显然与他对数学创新研究工作过程中不断获得的高度乐趣有关.所以我认为用"安贫乐道"来描述华老当年在昆明时期的精神状态

————————————————
①原载:《高等数学研究》,2010,13(6):2-5.收入本书时做了校订.

最为贴切.

当年西南联大的许多教授,大多是从欧美留学归来的,所以在日常讲课与谈话中,往往喜欢夹杂一些英语名词或短句.这种说话风气习惯,甚至在校园师生群体生活中也都习以为常了.华老的英文底子并不厚,但有时也喜欢在言谈中说英文词句.下述三例,留给我的印象较深.

华老的数论研究出了名,但他曾不止一次地告诉我,说数学界有些人士曾评论他"Hua knows nothing but theory of numbers"(说华除数论外什么也不懂).1945—1946年,他已完成多篇"矩阵几何"重要论文.所以他又对我说,现在人们不能再说他只懂数论了吧.

上述言谈,说明华老从中青年时代起,就是一位在科学研究中自强不息、不断努力、拓广领域的数学家.当年进一步的接触,还使我了解到华老是一位兴趣广泛、兼爱文史的学者.有一次在他家中,还听到他吟诵王维《桃源行》的诗句.

1945年,重庆中央研究院的社会科学名家陶孟和先生曾到西南联大访问讲学.他曾举了一个很不恰当的例子来说明"人们的生活享受是不可能平等的",说什么"譬如一家人吃鸡,总有人吃了鸡腿,总有人吃不到鸡腿"云云.一次,华先生讲完课后走到校门口时,我就告诉他这个笑话.他立即高声回应说:"那是 completely ridiculous."当时恰巧经济系的伍启元教授走过我们身旁,听华话音刚落,又重复了一句:"completely ridiculous."(意指"完全荒谬可笑")

此例虽小,但能说明当年华先生对社会名流言论的是非曲直,反应是十分锐敏的.

华先生富于联想力的特征有时也表现在言谈中.记得当年有一次在华家一起议论一批社会名流集体访问延安的信息时,我提到了大公报记者"赵超构"的名字,华先生立即将此人称为"赵 Hyperstructure".我感到耳目一新,尽管那时我还不清楚哪些数学结构属于"超结构"之列.

这里我乐于回忆的是,华老在数学教学与科研活动的观点态度等方面留给我的难忘印象,主要通过举例来说明我记忆中的故事.

华老的故乡是江苏金坛.1945年秋,他的一位小同乡——名叫王仁堂的联大法科学生,和我也相熟,得知我已当了华老的助教,告诉我说他快毕业了,还差几个"学分",特托我向华老求助,希望选修华老的近世代数课,弄几个学分(他知道华老的课程一般不用考试).我将此事告知华老后,他立即言词拒绝,骂该生太无知了.

有一次,在听华先生讲课过程中,我证明了初等数论中的 Laguerre 定理:设 $a_1, a_2, \cdots, a_k$ 是 k 个互质的正整数,则下列不定方程:

$$a_1 x_1 + a_2 x_2 + \cdots + a_k x_k = n$$

的正整数解 $(x_1, x_2, \cdots, x_k)$ 的个数 A_n 满足渐近关系式:

$$A_n \sim \frac{n^{k-1}}{(k-1)! \ a_1 a_2 \cdots a_k} \quad (n \to \infty)$$

因为方程

$$X_1 + X_2 + \cdots + X_k = n$$

的正整数解 $(X_1, X_2, \cdots, X_k)$ 的个数即等于 n 的组合(compositions)个数 $\begin{bmatrix} n-1 \\ k-1 \end{bmatrix}$,而

$$\begin{bmatrix} n-1 \\ k-1 \end{bmatrix} \sim \frac{n^{k-1}}{(k-1)!} \quad (n \to \infty)$$

而且 $X_1, X_2, \cdots, X_k$ 分别能被 $a_1, a_2, \cdots, a_k$ 整除的概率是 $\frac{1}{a_1 a_2 \cdots a_k}$,所以根据概率计算观点即可推出关于 A_n 的上述渐近关系式.

下课后,我将此想法向华先生报告,他立即大为不悦,带着教训的口气说,已有了精确证明的数论定理,还用得着借用欠精确的概率推理来推证吗?

上述二例,说明华先生当年对待数学教学与数学论证自有其坚守的严谨性精神.

由于当年我任助教时期,自己的数学根底与学识水平还很浅薄,故还不可能参与华先生的科研工作,只能帮他做一些校订打印稿件等事务性工作,有时也做些验算等,但通过平时的谈话以及观看他稿件写作形式等印象,已能初步体会到他的科研工作具有细巧的构造性与计算性特点.当年华先生还让我读了 Landau 的少量作品,从而又使我直观地感觉到他的写作风格颇有与 Landau 相似之处.

华老的治学著述是从精研"解析数论"之时走上世界数学论坛的，所以他除了有深厚的代数根底之外，还有着极好的分析学功底. 当时我当助教时，他就向我提到了"Tauberian 分析"的重要作用，如对"素数分布理论"的应用等，可惜那时期我对 Tauberian 定理还一无所知.

后来，我慢慢成长起来，并以分析学及函数逼近论等分支作为主攻方向，有时还偶尔翻阅《数学评论》(*Mathematical Reviews*)上对华老工作的简略介绍，再加上回想当年在昆明时期所获得的印象，才感到对华老科研活动与学术思想方面的特点能有进一步的分析和体会了.

正如我在之前写的纪念文章中所述，华老科研工作所反映的基本"价值观"主要表现为："重视技巧，追求简易，寻求显式，坚持构造和着重应用。"所以我认为在某种程度上，他可以与德国的 Jacobi、Kronecker 及 Landau 等人的工作特点相比拟. 特别值得指出的是，华在处理复杂计算时，总是力求最终结果形式上的统一性与简洁性. 这从他在数论与矩阵几何等成果方面即可见一斑.

华老特别重视数学的工具作用，所以他常常在言谈中把重要的数学知识与有用的数学方法称为"weapon"(武器). 这可能与他多年钻研数论问题的经验有关. 据所知，华老在晚年时期曾有兴趣研究"经济数学"(经济学中的数学方法)，这显然也与他的"数学工具观"的见解有关.

从数学史上看，大多数重视和强调"数学工具论观点"的数学家对数学基础问题中的争论是无大兴趣的，看来华老也不例外. 在我的记忆中，他从未谈论过对"三大数学流派"——直觉主义派、公理主义派、逻辑主义派——的看法和评论，无疑，华老的许多科研成果，特别是那些呈现显式构造性的成果，实际上是符合直觉主义者"存在即构造"的观点的.

如我们所知，西南联大时代的另一位杰出数学家许宝騄先生也是坚持直觉主义观点的，所以他曾明确表示不赞成 Cantor 的"无限集合论"和"超穷数理论". 但华先生和许先生不同，他是追随数学主流社会的观点的，还是认可 Cantor 的基本理论成果的. 这里有三点事实可资佐证：

一是 20 世纪 40 年代初华先生搞群论讨论班时,徐贤修发现了 Zassenhaus 的群论科教书中的错误,曾发表了一篇纠正错误的论文. 华先生对此文大为赞赏,而在此文中徐修贤的主要结果是利用了 Cantor 的"超穷归纳法"才获得证明的.

二是 20 世纪 50 年代初,我曾费神去研究 Cantor 集合论中的"连续统假论"难题,而华先生对此并未表示反对或劝阻.

三是 1954 年,我有一次访问华家时,正好遇见北大逻辑学家沈有鼎教授也到华家,华先生当即对我们说,你俩正好可以讨论一下超穷集合论中的"选择公理"(axiom of choice)的真伪问题.(当年我与沈教授的讨论并无结论,只是有一点共识,即认为选择公理是一条"纯粹的假定",可以认可它,也可以拒绝它,只是要看你对超穷形式思维真理性的信念如何.)

华先生虽不反对"超穷集合论",但自己并无兴趣研究集合论. 这一点他和他的朋友 Erdös 就有所不同了,后者还写过多篇集合论方面的专题论文. 当然,他俩有不少相似之处.

华先生在青少年时代,曾用功自学过 Chrystal 大代数,所以有着熟练的代数计算"少年功",就像少林派拳术家的"童子功",这类功夫显然是终生保持的. 记得 1954 年匈牙利数学名家 Turan 访问北京时,曾在一次数学座谈会上谈到了我国清代数学家李善兰的一个恒等式:

$$\sum_{j \geqslant 0} \begin{bmatrix} k \\ j \end{bmatrix} \begin{bmatrix} m \\ j \end{bmatrix} \begin{bmatrix} n+k+m-j \\ k+m \end{bmatrix} = \begin{bmatrix} n+k \\ k \end{bmatrix} \begin{bmatrix} n+m \\ m \end{bmatrix}$$

事后华老很快就给出了这一恒等式的证法,这表明华老的初等数学"少年功"也是很坚实的.

另一例子是在我以前文章中提到的,即在抗日战争胜利前一年,华先生去重庆解决了日军密码的破译问题,也发现日本军部所用密码的数学工具即 Möbius 反演公式. 这是一个含有 Möbius 函数在整数因子集上的求和公式. 可以想见华先生早年自学数论时,不只是从理论上掌握了它,而且是做过实际计算的,否则就不可能在面对一批具体数据时,会有洞察其间存在 Möbius 反演关系的本事.

有些数学界人士乐愿把华先生和印度数学奇才 Ramanujan 比较. 显然他俩颇有相似之处,但我认为最显著不同之处有两点:一是前者是位积极的"入世派",不仅关心政治而且乐于参与政治生活,但后者是位不问政治的"逍遥派".二是后者的工作成果更具有独特的"个性化"特征,而前者的贡献成果是向主流靠拢的,基本上反映主流的价值观念.

例如,当年解析数论中行之有效的 Hardy-Littlewood"圆法"被更有效的 Winogradoff"三角和方法"取代后,华先生便很快努力掌握后一方法去研究数论问题,以及后来从"矩阵几何"研究又很快发展到矩阵型"多复变函数"的研究工作.这说明华先生有快速紧随数学新潮的能力和性格.显然,对于独来独往的 Ramanujan 来说,却有着完全不同的价值观念和性格.

说到华先生的处世和为人,在西南联大时期,我就见到他宽以待人、与人为善的事,而且还有着"不耻下问"的学者风范.这里要谈的事例就是华先生与早期弟子钟开莱的交往故事.华先生曾是钟开莱的学术导师,只因为钟开莱曾在言词中冲撞过华先生,以致关系失和而不再往来.但当年西南联大校园不大,两人常有不期而遇的机会,据所知,每次两人遇见时,华先生总是不计前嫌,主动和钟开莱打招呼.记得当年华先生曾在我面前多次提到钟开莱,称赞钟开莱是极有才智的人才,只是有点 childish 而已.

华先生写作"矩阵几何"数篇论文时,在将稿件寄往美国发表前,总是让我把他打印好的初稿送到钟先生处,烦请钟先生帮助修改英文(这表明华先生是不耻下问的),钟先生也总是乐意帮忙.这说明他俩后来都不计前嫌了.

有一次,我去钟先生处取稿时,顺便问起:"稿件英文究竟怎样?"钟先生说总体说来英文还不错,但还有个别语法差错,例如,参考文献中把一篇待发表的文献称为"to be appeared"这就不通了.事实上,"appear"(出现)是一个"不及物动词",没有被动式.正如说"被出现",在中文中也是不通的.我想,正因为华先生出身贫寒,并未读过正规高中,后来专攻数学成才,所以难怪英文素养有"先天不足"之处.这一点我也很有同感,我早年读了 6 年师范学校,进大学前只学习过半年多英文,以致一生中总感到英文底子有"先天不足"之苦.

最后我还要重点谈谈华老对我的启发和影响,同样也是许宝騄老师对我的影响.这就是我在《西南联大数学名师的治学经验之谈及启示》[原载《数学教育学报》,2002(3)]一文中说到的一段:"我曾向华、许二师学到了不怕计算和乐于计算的习惯,十分乐于从计算中发现规律和提炼一般性公式.和华先生相似,我也十分重视显式构造,这正好适于我后来长期从事函数逼近论、计算方法与组合分析研究的客观要求".

现今我已 90 岁了,回顾在我数学生涯的数十年里,由于受到华、许二师对我早年的启示,我也常把"分析计算"的正确价值观念以及从计算中寻求规律的乐趣经验,努力介绍给听课的学生们和习作论文的研究生们.因此,当我看到有些弟子在他们后来的研究工作中,往往通过精巧的分析计算获得美好的成果时,总是感到特别欣慰和赞赏.

这里我要特别提到,1947 年华先生在美国讲学期间,曾寄送给我一本 1946 年初版的 D. V. Widder 著《拉普拉斯变换》一书.我对此书特别喜爱,1949 年我去英国访问进修期间,就精读了此书的主要部分,获益良多.事实上,当年及后来我撰作的数篇论文中,此书都是主要参考文献之一.特别,在我建立一对含有广义 Stirling 数偶的"互逆积分变换"的工作成果中,最关键的一步就要用到 Widder 著作中著名的 Post-Widder 表现定理.正是华先生赠送给我的宝书,帮助我得到了所希求的成果.因此我要特别感谢华老当年的馈赠.

华老逝世已经 25 年了,作为他的一个仍然健在的老学生,每当回想起 60 多年前常能见面的日子里,不时得到他的种种指导和启发,仍一如历历在目,仿佛还是不久前的往事.现今我们知道,华老一生丰硕的科研成果和许多著作,已在近期大量出版了,这真是我国数学界的大幸事.我诚挚期望并深信,华老博大精深的学术思想、治学经验,教学观点以及对科普事业的远见卓识等精神文化遗产,对我国发展成为现代科技大国,起到历史性的重要推动作用.

显然,本文并不是一篇具有系统性题材内容的纪念文章.为了不要和以前写过的文章内容重复,此文只是通过若干具体事例的回忆,作为对华老往事的亲切追念和缅怀而已.读者如欲了解华老一生中的许多贡献和业绩,理应浏览或阅读王元著《华罗庚》一书.这也是我喜欢推荐的一本传记性著作.

参考文献

[1] 王元.华罗庚[M].南昌:江西教育出版社,1999.

[2] 徐利治.回忆我的老师华罗庚先生[J].数学通报,2000(12):
     封3.

[3] 徐利治.回忆西南联大时代的老师许宝騄先生[M]//许宝騄先
     生百年纪念文集编委会.道德文章垂范人间:纪念许宝騄先生百
     年诞辰.北京:北京大学出版社,2014:336-343.

编后记

2017 年 9 月，徐利治老师迎来了 97 岁寿辰。

犹记今年年初，探望徐老师之时，他正端坐于书房，拿着放大镜，兴致盎然地翻看着专业书籍。看到我们来了，便热情地与我们握手寒暄。在交谈中，说到浓处，徐老师还会神采奕奕地聊起最近在研究哪些有趣的问题，接下来还想写哪些方面的文章，等等。

对于这样一位走过了漫长治学道路与教育生涯的老先生，我们一直都在致力于整理其学术著作与思想成果——这些思想超越时间，历久弥新，对过去、现在和未来，都有着巨大的启迪作用。

2008 年，我们曾整理出版过徐老师的一批论文与著作，共 6 种，前后印刷 2 次，目前已无库存。2016 年，徐老师主编的"数学科学文化理念传播丛书"再版，前后两辑共 20 种，后经几次重印，并被科技部评选为"2016 年全国优秀科普作品"。

为了更好地传播数学的文化品格与文化理念，在我们的提议下，徐老师将其著作中那些最通俗易懂、阐述数学科学文化理念的文章加以整理，汇聚成 4 卷论述数学思想、数学哲学与数学教育的著作，集结为"数学科学文化理念传播丛书（第三辑）·徐利治数学科学选讲"，以飨读者。

怀着对徐老师孜孜不倦、春风化雨品格的敬意，也为了使读者获得更优质的阅读体验，本次出版，我们对全部书稿进行了精心编辑。

根据文章之间的相互关联，我们将同一主题的文章进行了适当合并。例如，《悖论与数学基础问题（补充一）》和《悖论与数学基础问题（补充二）》合并为《悖论与数学基础问题（补充）》。做类似处理的还有

《Berkeley 悖论与点态连续性概念及有关问题》与《关于〈Berkeley 悖论与点态连续性概念及有关问题〉的注记》。

有些参考文献年代过于久远，难以查到确切的出处信息，但鉴于其史料价值，依然保留。有些文献在文章中并没有引用；有些文献虽然引用，但没有严格遵循顺序编码制。对于此类情况，我们均保留了原参考文献，以便于读者索引更多相关文章；同时保留了原文献的编码顺序，并修正了引用有误之处。

我们沿承了原始文章中以英文（法文）人名为主的语言风格，并在本辑中按此标准进行了统一。俄国学者人名则采用读者更熟悉的中文名字，如柯尔莫哥洛夫、罗巴切夫斯基等。以数学家名字命名的定理与公式等，也做了相同的处理。

在编辑书稿的过程中，我们与徐老师有过几次会面，并有幸参观了他老人家的书房。印象最深的是徐老师的书架，占了整整一面墙，上面的典籍与著作卷帙浩繁。其中一些藏书历经时光冲洗，已经开始泛黄——它们已经陪伴徐老师走过了数十载岁月华年。打开书页，字里行间，疏密有致的边注与圈点勾画依稀可见。

这些穿越时间的经典凝聚着数学大师们毕生的思想精华，让这些宝贵的思想泽被后世、薪火相传，是我们做这套书的初衷，也是我们未来努力的方向。